手作人都融化！
超过30款的动物拼布大集合！
Happy Zoo
趣味动物造型
布作小物
U0293397
幸福豆手创馆
胡瑞娟◎著
河南科学技术出版社
·郑州·

目录

Contents

Part 1 Patchwork Zoo

拼布动物园

Part 2 Patchwork Room
私房拼布教室

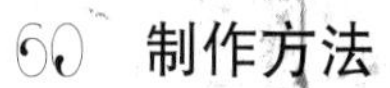

Part 1 Patchwork Zoo

拼布动物园

欢迎来到

手作城市里的拼布动物园。

搭上手缝悠游列车，

跟小可爱们say hello吧！

制作方法

＊吉利猴钥匙包p.60至p.61

＊纸型A面

以讨喜的十二生肖为造型，
做成可爱的钥匙包。
你的幸运动物是什么呢？

猫头鹰

手拿包、口金包

制作方法

* 猫头鹰口金包p.52至p.53
* 猫头鹰手拿包p.62至p.63
* 纸型B面

认真的猫头鹰，
每一天都用心品味，
森林里的日常大小事。

猫头鹰

两用背包

制作方法

* 猫头鹰两用背包p.64至p.65
* 纸型B面

将背上的微笑，
送给与我同行的好朋友。

俏皮狼

手机包

制作方法
＊俏皮狼手机包p.66至p.67
＊纸型B面

咧嘴笑的俏皮狼，
是拼布人的创意小幽默。

松鼠

餐具包

制作方法

*松鼠餐具包p.68至p.69

*纸型B面

带着小松鼠一起去野餐吧！
自在的生活，
是一种发自内心的随性跃动。

花栗鼠

钥匙包

制作方法

*花栗鼠钥匙包p.55、p.70至p.71

*纸型B面

今天要早点回家，
香喷喷的烤栗子，
在厨房等着我呢！

大眼熊
折叠式随身包

制作方法
＊大眼熊折叠式随身包p.56、p.82
＊纸型B面

俏皮的大眼熊仔，
陪你游山玩水走，走，走！
收纳简便，让人爱不释手！

不想使用时，
包包可折起变身成大眼熊公仔造型，
成为可爱的小动物哟！

狮子王
腰包

制作方法
*狮子王腰包 p.74至p.76
*纸型B面

带着温驯的狮子，
大胆地去四处旅行冒险吧！

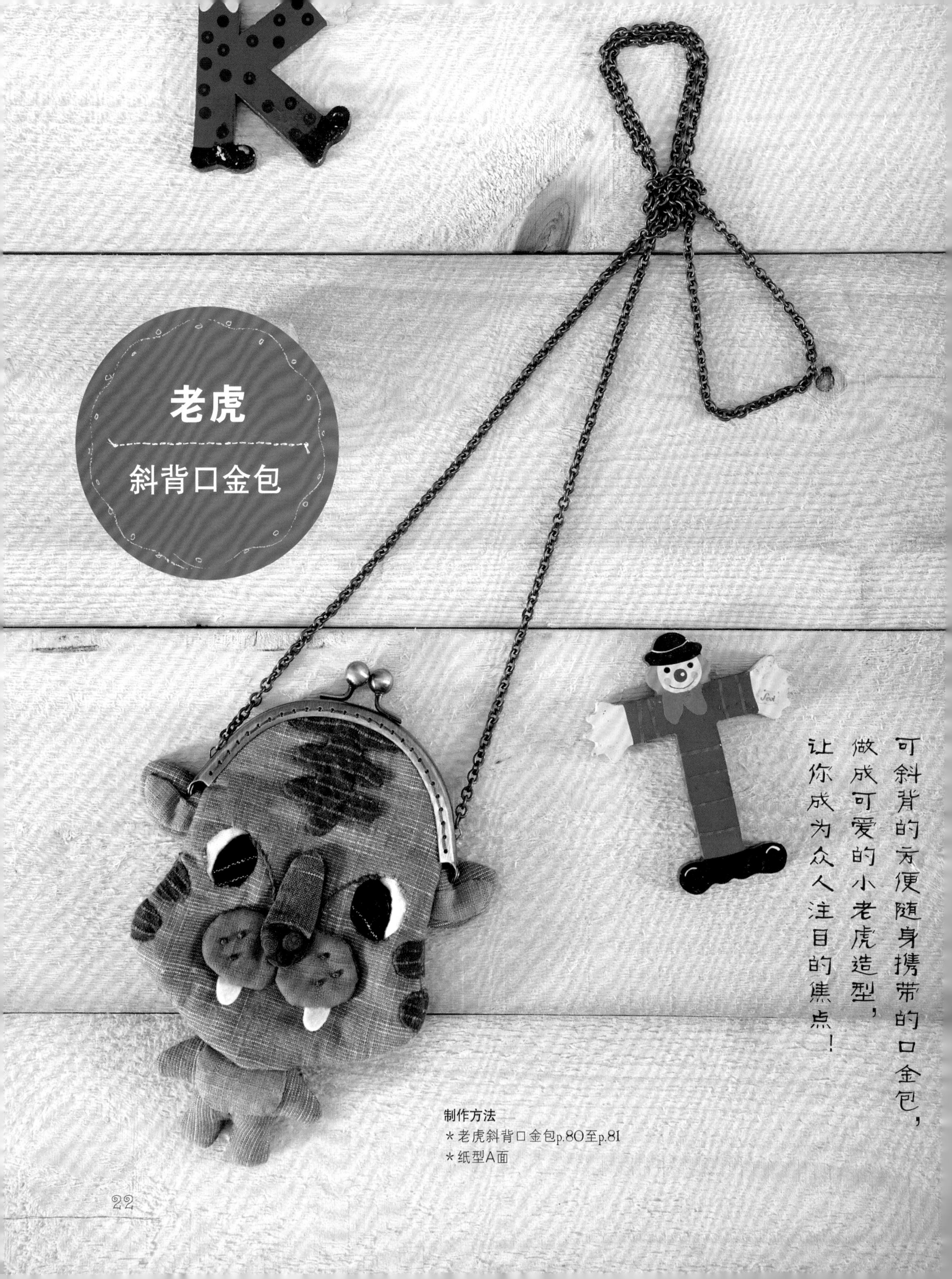
老虎
斜背口金包
可斜背的方便随身携带的口金包，
做成可爱的小老虎造型，
让你成为众人注目的焦点！
制作方法
*老虎斜背口金包p.80至p.81
*纸型A面

狐狸
零钱包

制作方法
＊狐狸零钱包p.54、p.72至p.73
＊纸型B面

有双细长眯眯眼的狐狸，
坐上小王子的梦想飞行器，
想跟他一起畅想星际旅行！

河马妈妈
化妆包

制作方法

*河马妈妈化妆包p.78至p.79

*纸型A面

只有用心的人，
才能看穿河马的外表，
爱上它内在的大美。

鳄鱼
笔袋

制作方法

＊鳄鱼笔袋p.83
＊纸型B面

鳄鱼先生是一位艺术家，
它的心里装载着
五彩缤纷的绘画梦想。

大嘴蛙
面纸包
制作方法
＊大嘴蛙面纸包p.84至p.85
＊纸型B面
嗨！我是大嘴蛙，
一口一口送出的，
是我的贴心照顾。

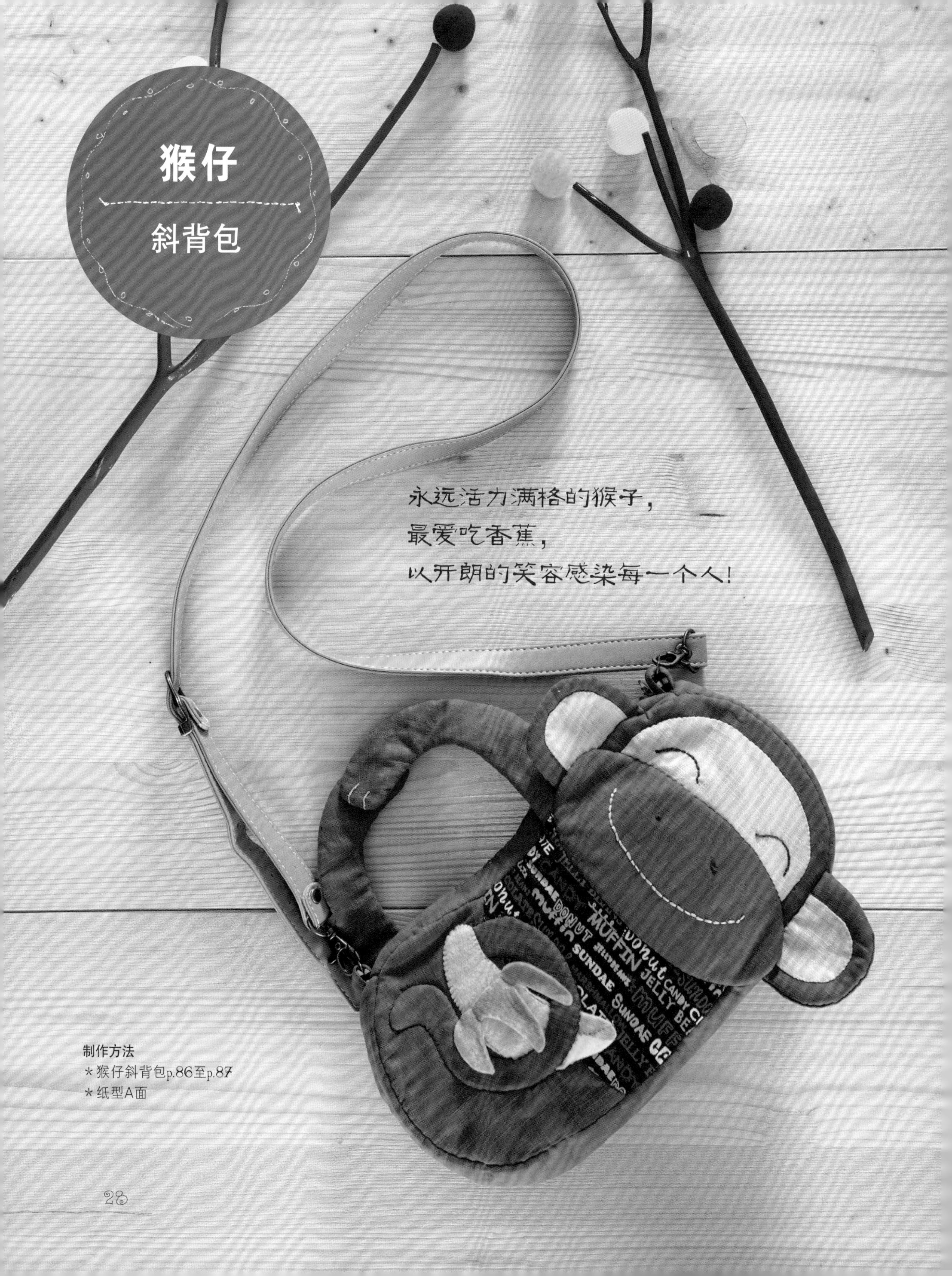

制作方法

* 猴仔斜背包p.86至p.87
* 纸型A面

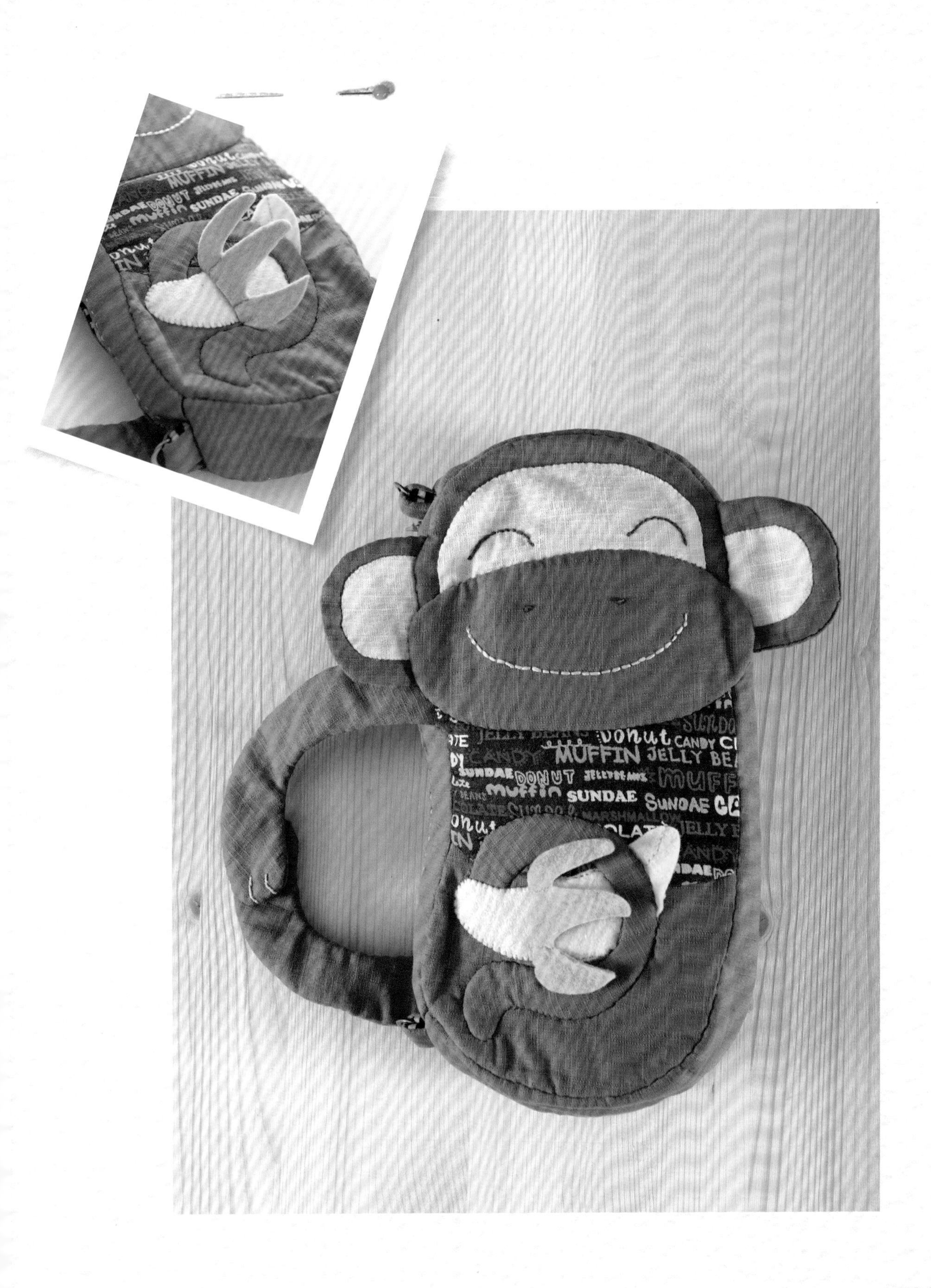
MUFFIN
SUNDAE
donut
CANDY
MUFFIN JELLY
DONUT
SUNDAE SUNDAE
MARSHMALLOW

制作方法

*大象针线包p.88至p.89

*纸型A面

温柔的大象，
最喜欢针线活儿了！
它是慢条斯理的手作家。

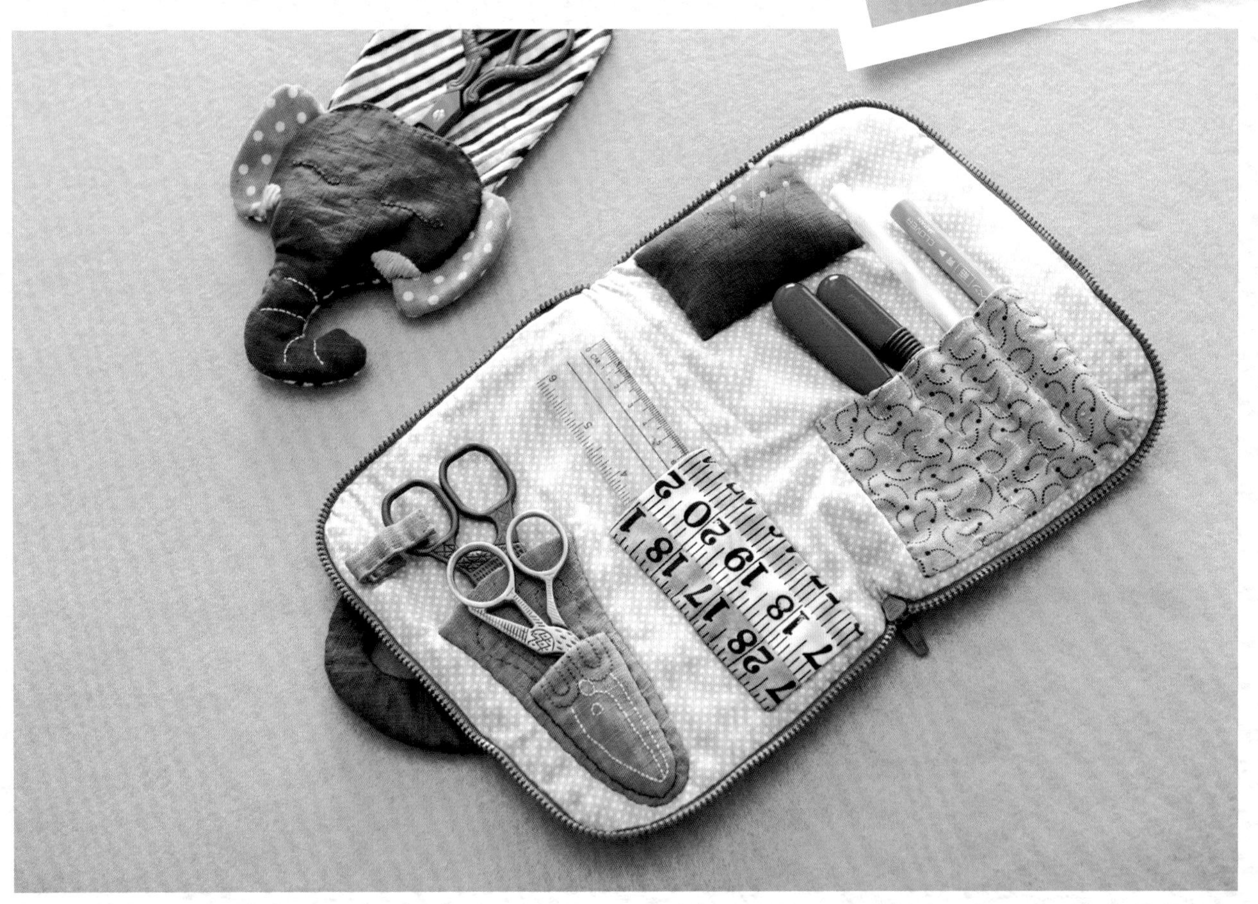

制作方法

＊羊咩咩长夹p.90至p.91

＊纸型A面

与羊咩咩相伴，
每天的心情都是暖暖的。
1000
THE UNITED STATES OF AMERICA
D03687370E

乳牛
侧背包

制作方法
*乳牛侧背包p.92至p.93
*纸型A面

慵懒的小牛，
喜欢悠闲缓慢的步调，
安静吃草，享受生活。

长颈鹿

水壶袋

制作方法

*长颈鹿水壶袋p.94至p.95

*纸型B面

走走走，去郊游！
生活就像走在旅行的路上，
充满惊喜！

去旅行吧！
体验生活的酸甜苦辣，
不只黑白，还有彩色，
冒险——就是勇往直前！

制作方法

* 斑马护照包p.96至p.97
* 纸型B面

海豚
眼镜包

制作方法
*海豚眼镜包p.98至p.99
*纸型B面

戴上眼镜，
才能让自己看得更远更清晰，
游向大海，
驶向梦想未来！

制作方法

*大嘴鱼束口袋p.100至p.101

*小鱼束口袋p.57

*纸型B面

粉红猫

随身化妆包

美丽的粉红猫咪，
天天都有恋爱般的好气色，
随身携带，魅力加分！

制作方法

*粉红猫随身化妆包p.102至p.103
*猫咪零钱包p.54
*纸型B面

金钱鼠

零钱包

制作方法

*金钱鼠零钱包p.77

*纸型A面

吱吱吱！

见钱就咬的金钱鼠，

为你带来满满的财富。

咖啡狗

首饰收纳包

制作方法

* 咖啡狗首饰收纳包p.104至p.105

* 纸型B面

汪汪汪……

以造型变换每天的心情，

佩戴不同的首饰靓丽出门吧！

小熊与兔子

悠游卡包

将每天使用的悠游卡（台湾的一种电子票卡），装在可爱的小熊或兔子卡包里，每天都好开心！

制作方法

* 小熊与兔子悠游卡包p.106至p.107
* 纸型A面

制作方法
* 金鸡圆形提手包p.108至p.109
* 纸型A面

迷你猪
印章包

制作方法
*迷你猪印章包p.110至p.111
*纸型B面

扮成小红帽的迷你猪，
最喜欢和大野狼玩捉迷藏，
今天换她躲起来啰！

Part2 Patchwork Room

私房拼布教室

上课啦！

准备好工具和材料，

一起进入瑞娟老师的

私房拼布小教室吧！

材料和工具

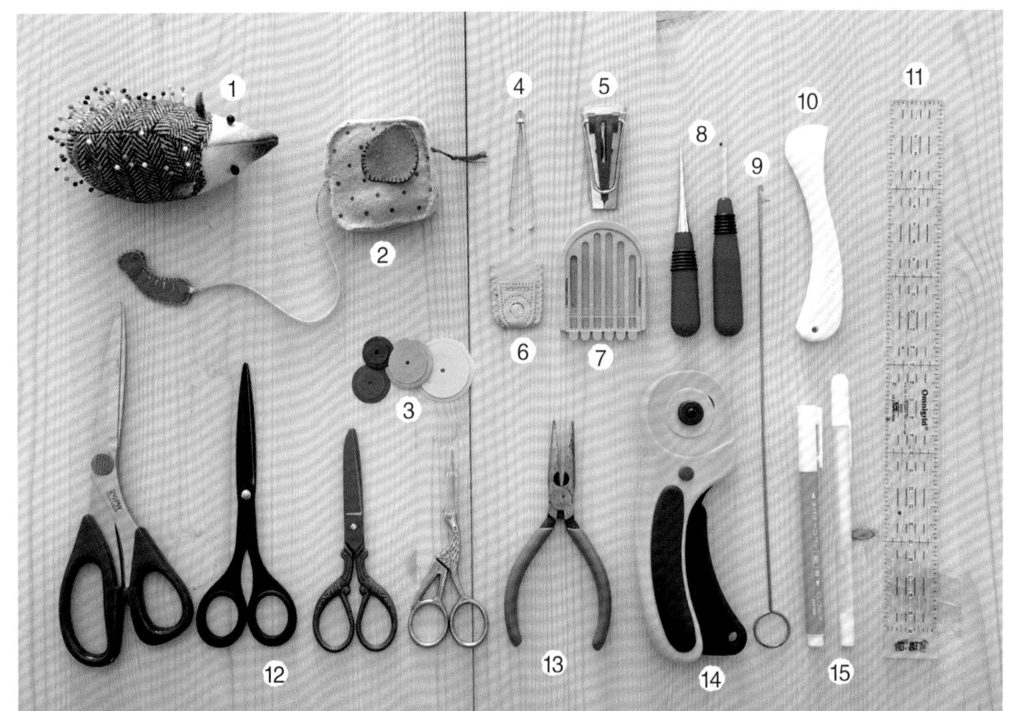

1 针插
2 卷尺
3 缝份圈
4 穿绳器
5 滚边器
6 指套
7 组合针组
8 锥子、拆线器
9 翻绳器
10 骨笔
11 拼布尺
12 各式剪刀
13 老虎钳
14 轮刀
15 水消笔

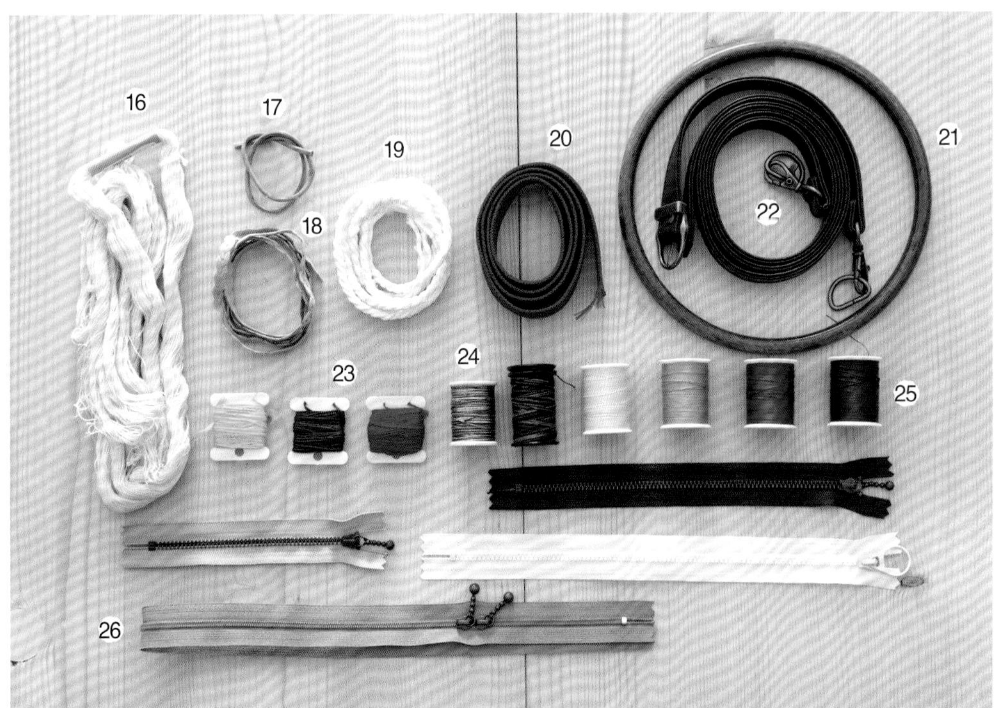

16 疏缝线
17 渐变色绳子
18 缎带
19 棉绳
20 织带
21 木质圆形提手
22 肩带
23 各色绣线
24 渐变色压线
25 各色手缝线
26 各尺寸拉链

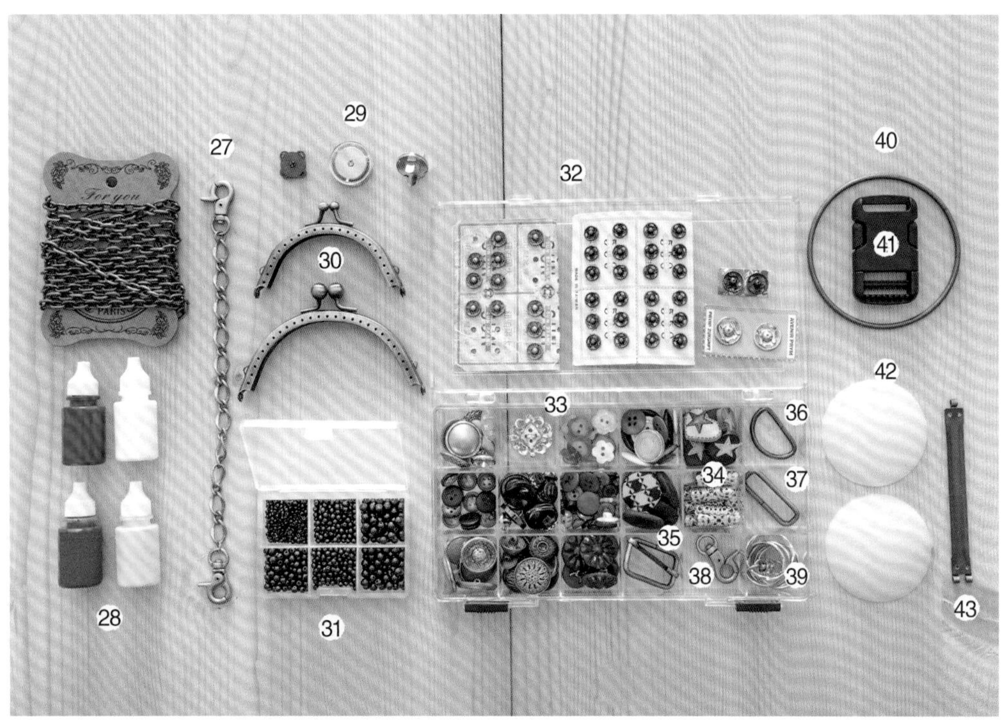

27 金属链
28 压克力颜料
29 磁扣
30 口金
31 各尺寸黑珠
32 暗扣
33 各式扣子
34 镂空片
35 日形环
36 D形环
37 口形环
38 龙虾扣
39 钥匙圈
40 金属环
41 塑胶插扣
42 包扣片
43 弹片夹

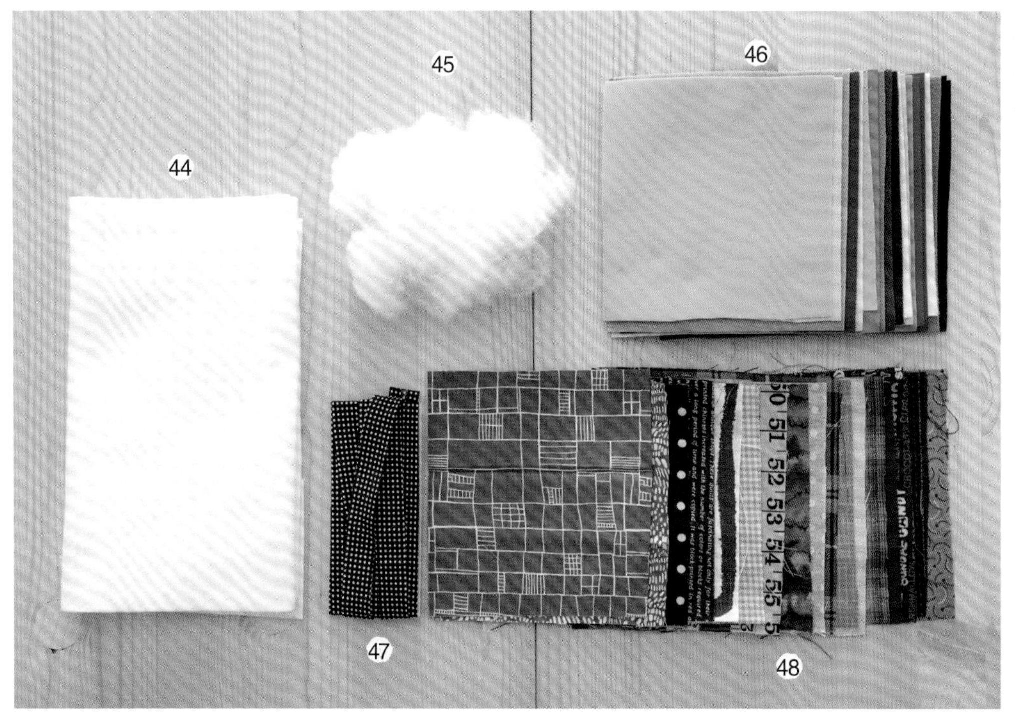

44 铺棉
45 填充棉
46 各色不织布
47 滚边条
48 配色布

基本教程

Lesson 1
基础口金包制作

示范作品 p.8

猫头鹰口金包

How to make 制作方法

1 以水消笔于表布反面画出猫头鹰前、后片的轮廓。

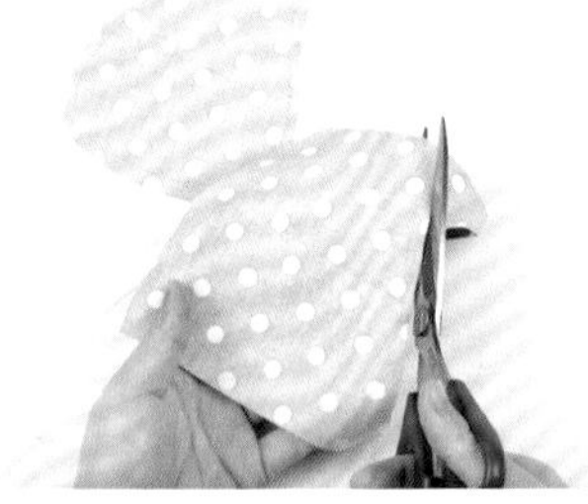

2 加缝份0.5 cm剪下。

3 于腹部用布的正面画出腹部实际尺寸，外加缝份0.5 cm剪下，固定于步骤2前片的腹部位置。

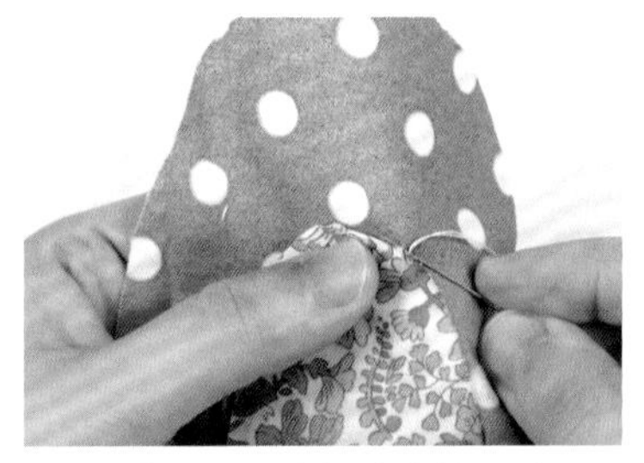

4 以藏针缝将腹部贴布缝于前片正面。

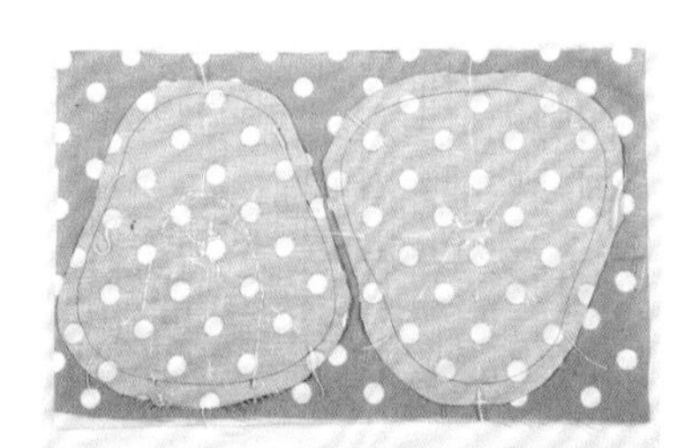

5 与里布正面相对对齐，底部放置铺棉，三层疏缝固定。

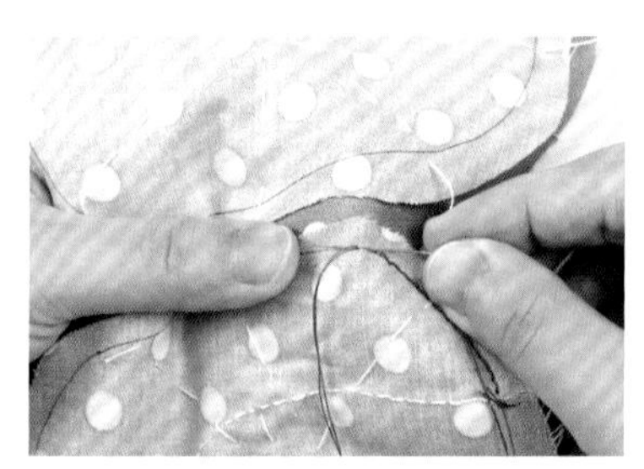

6 沿着轮廓，以回针缝缝合，并留返口。

7 外加缝份0.5 cm剪下，沿着缝线边缘修剪铺棉。

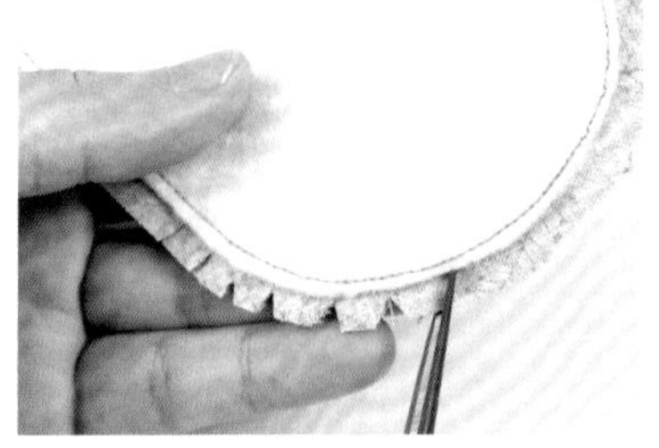

8 在缝份位置，以剪刀剪V形缺口或剪一刀为剪牙口（弧度较弯处要多剪几个缺口）。

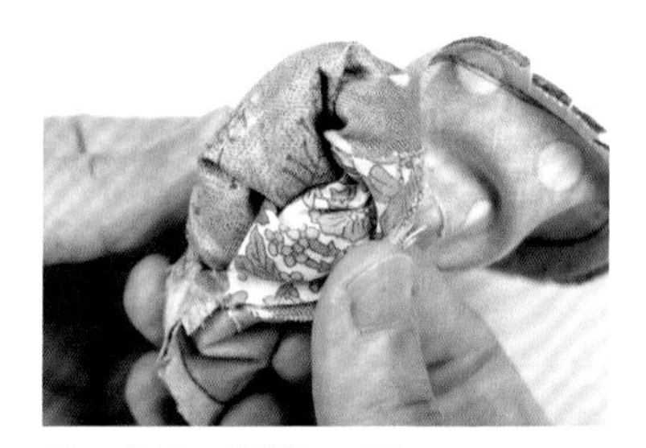

9 从返口处翻至正面。

10 返口处往内折，以珠针稍微固定，以藏针缝缝合。

11 以相同做法，完成前片、后片及侧身。

12 将前片、侧身分别对折，找出中心点。前片与侧身中心点对齐稍微固定后，左、右两边分别对齐，以珠针固定。

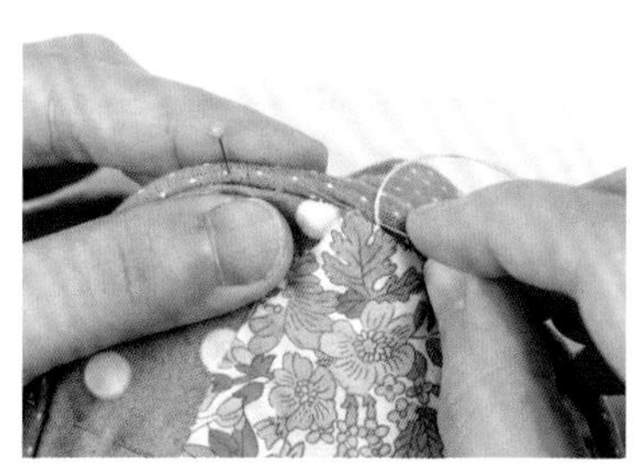

13 将前片、侧身交界处，以藏针缝缝合固定。以同样方法将后片与侧身缝合。

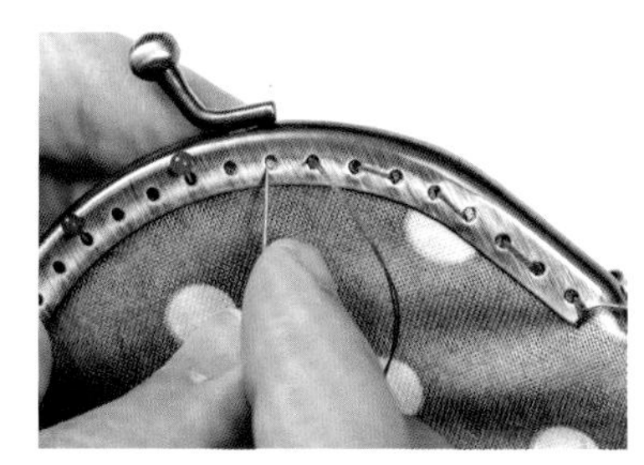

14 包口套入口金，调整好位置，然后缝合固定。

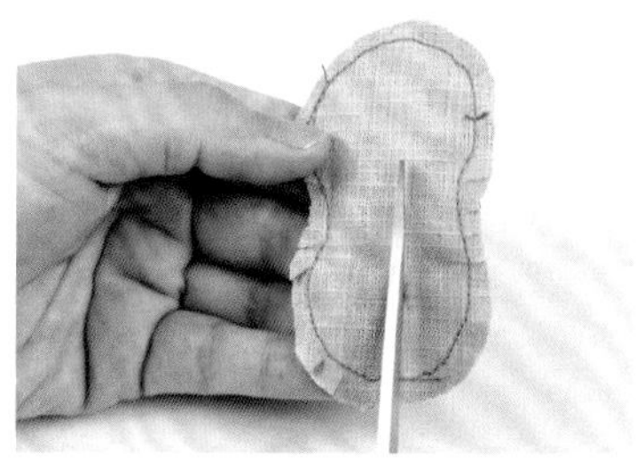

15 猫头鹰眼部：两片布正面相对对齐，底部放置铺棉，以回针缝缝合，修剪铺棉并剪牙口，从任一面剪出返口洞（剪返口洞的那面作为背面）。

16 将眼部置于前片正面，边缘以藏针缝缝合，以相同做法制作嘴巴，并缝合。

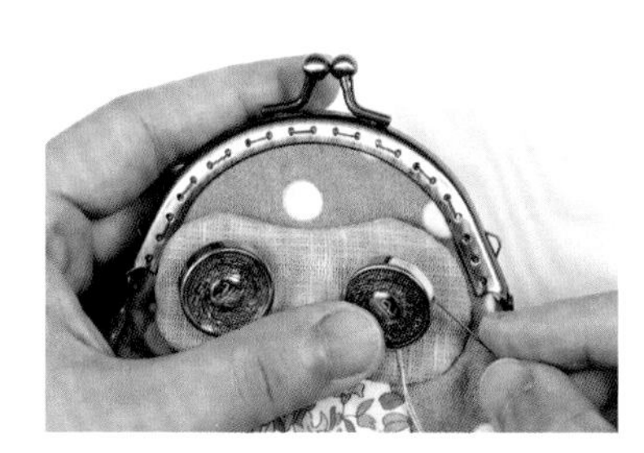

17 缝上扣子作为眼睛，完成。

Lesson 2
拉链缝合技巧 I：拉链夹于里布内

示范作品 ⟶ p.23

狐狸零钱包

How to make 制作方法

1 表布贴布完成后，外加缝份0.5 cm剪下，完成前片。前片、后片底部各加同尺寸的铺棉后，前片与后片正面相对对齐。

2 沿着轮廓，以回针缝缝合三边。

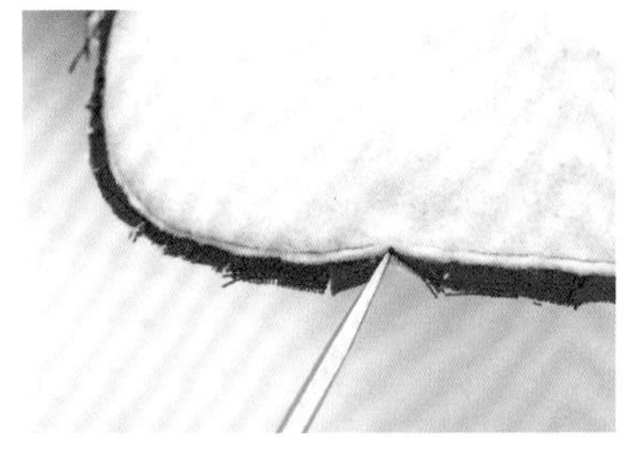

3 将缝份处多余的铺棉剪掉，剪牙口，从包口翻至正面。

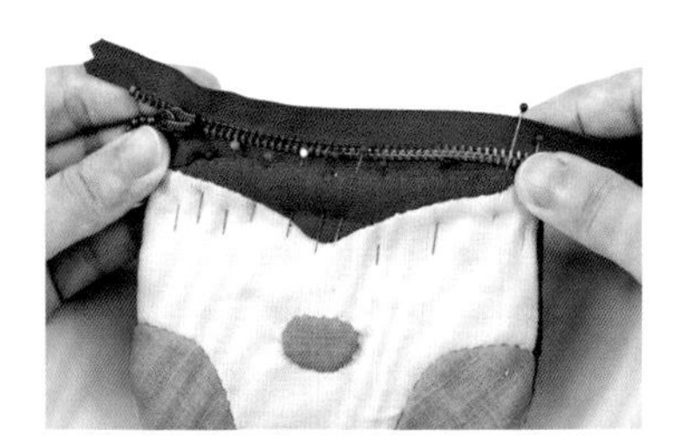

4 包口缝份往内折，压线固定(依个人喜好，可不压线，以疏缝或珠针稍固定)。放好拉链，别上珠针将拉链稍固定于包口。

5 将包口边缘与拉链以藏针缝缝合。

6 里布正面相对对齐，三边以回针缝缝合，套入步骤5做好的包内。

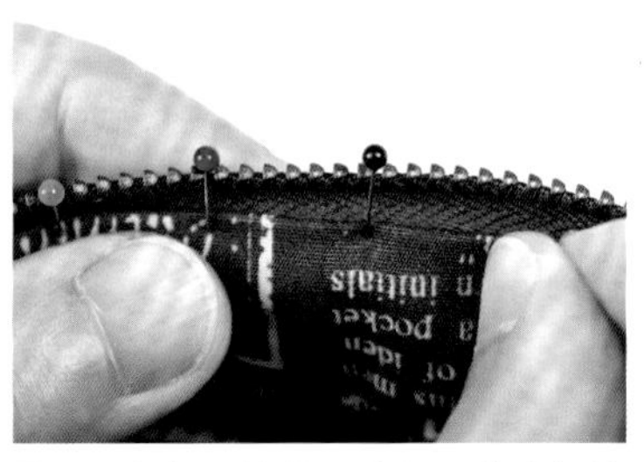

7 里布包口缝份往内折，盖住拉链侧边，并以珠针稍微定位。

8 以藏针缝将里布包口上端与拉链缝合固定，即完成。

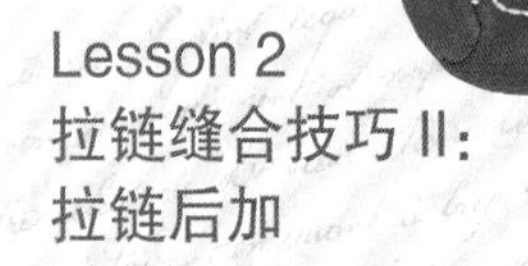

Lesson 2
拉链缝合技巧 II：拉链后加

示范作品 ⟶ p.40

猫咪零钱包

How to make 制作方法

1 将前片、后片表布，各自与里布缝合。前、后片侧边缝合，包口对准拉链，并以珠针稍微固定。

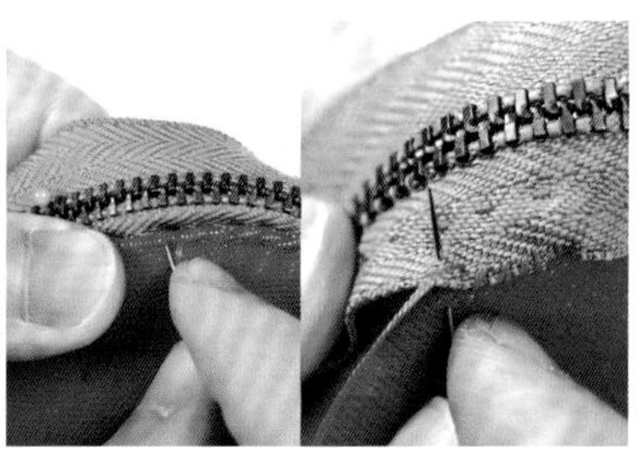

2 针从表布以平针缝穿过拉链，将拉链固定于包口处。拉链的布边以卷针缝缝合于里布的正面即完成。

Lesson 3
滚边条收边

示范作品 p.16

花栗鼠钥匙包

How to make 制作方法

1 分别将滚边条及钥匙包表布对折，找出中央位置。

2 将滚边条与钥匙包表布的中央位置对齐，将滚边条的一半宽度盖于表布边缘。

3 分别往左、右两边定位，并以珠针稍微固定。

4 滚边条边缘以藏针缝缝合固定。

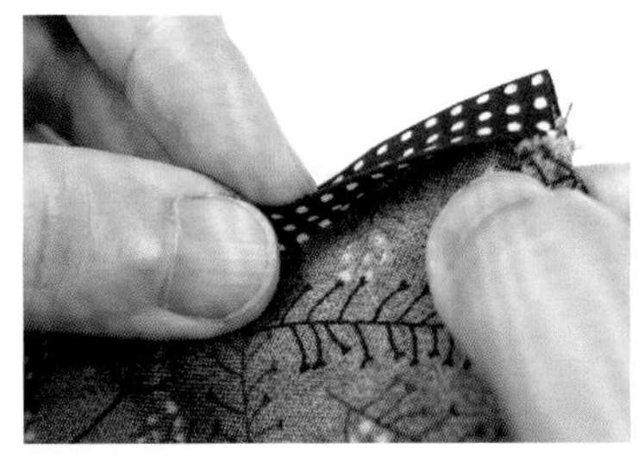

5 滚边条的另外一半，如图折向里布侧。

6 以珠针稍微固定。

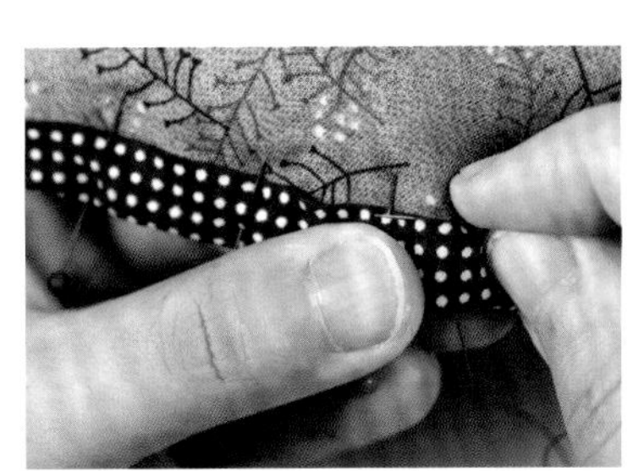

7 滚边条边缘以藏针缝缝合固定，即完成。

特别技巧I：立体口袋的制作

示范作品 → p.18

大眼熊折叠式随身包

1 包身前片表布与里布正面相对对齐，以回针缝缝合，留返口。剪牙口，从返口处翻回正面，提手处以藏针缝缝合。

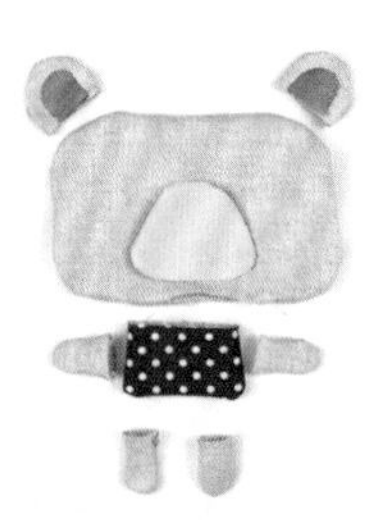

2 分别剪出熊各部位的前、后片。将前、后片正面相对对齐，沿着轮廓以回针缝缝合，留返口。剪牙口，从返口处翻回正面，如图。

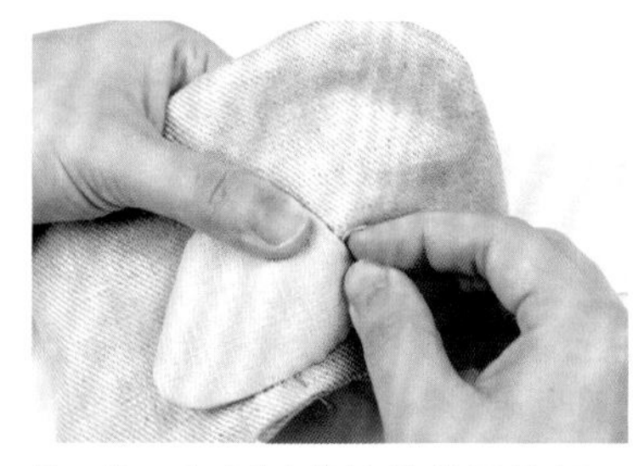

3 将口鼻部以藏针缝缝于脸部正面；内耳以相同做法缝于耳朵正面，缝合耳朵返口，缝于熊头两侧。依步骤2至3做出另一组备用。

4 取其中一组，熊头以珠针稍微固定于包身前片正面，头部边缘以藏针缝缝合固定。

5 熊身均匀地塞入填充棉。

6 熊身返口处往内折，以藏针缝缝合。以相同做法将四肢也塞入填充棉并缝合，分别缝于熊身侧边。

7 将步骤6做好的身体的上边缘与头部的下边缘的接合处以藏针缝缝合固定后，将身体与头部重叠对折，以珠针稍微固定，备用。

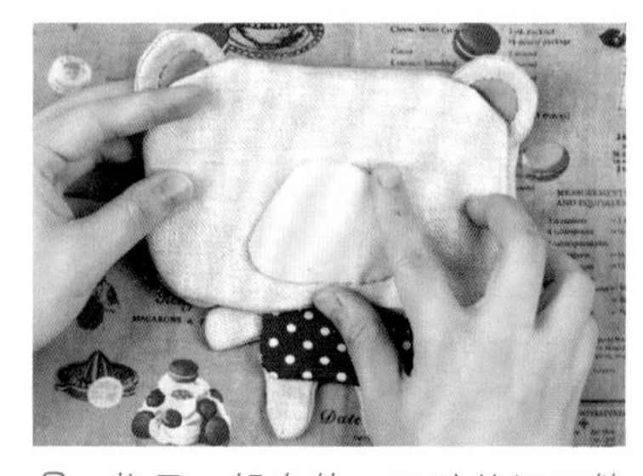

8 将另一组身体、四肢的返口缝合（不塞填充棉）。四肢分别缝于熊身侧边，与熊头缝合后，与步骤7制品的熊头如图重叠。

9 调整四肢的位置，身体边缘以藏针缝缝合于包身固定。

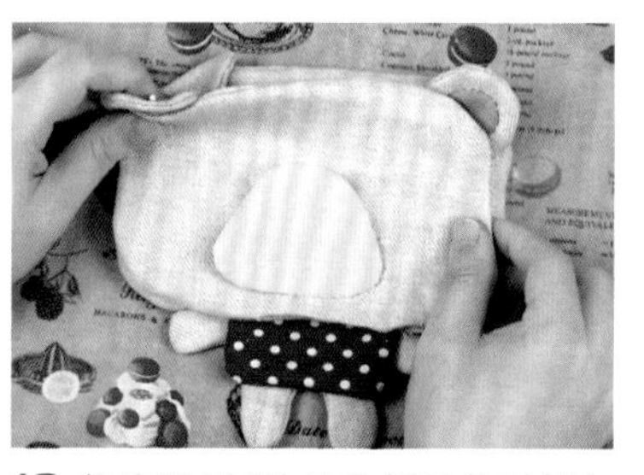

10 将步骤8制品的头部耳朵下侧与步骤4制品的头部边缘缝合，即完成立体口袋的制作。（眼部可以在缝合鼻头时，完成缝合。）

特别技巧 II：束口部分制作

示范作品 → p.39

小鱼束口袋

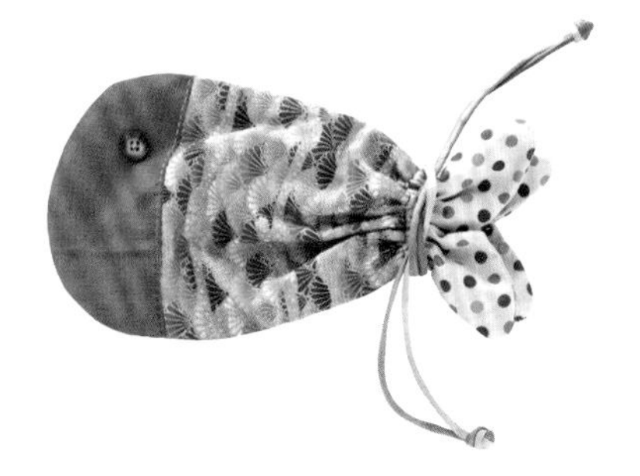

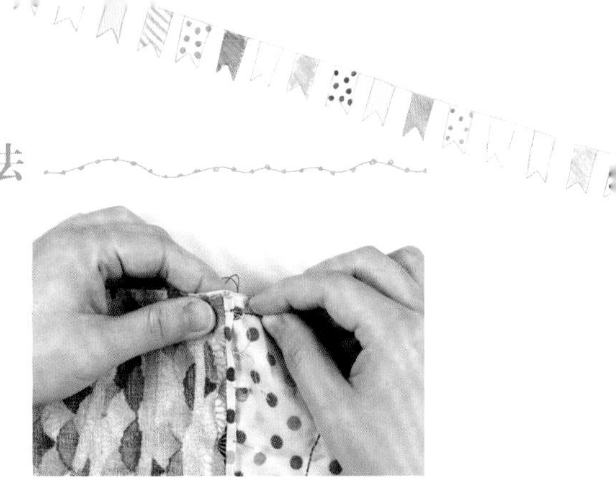

1 将各片拼缝成前、后片表布。

2 再剪两片尺寸同前、后片表布的里布，各自与前、后片表布正面相对对齐，缝合尾鳍部位（两侧接近鱼身的1 cm处不缝）。

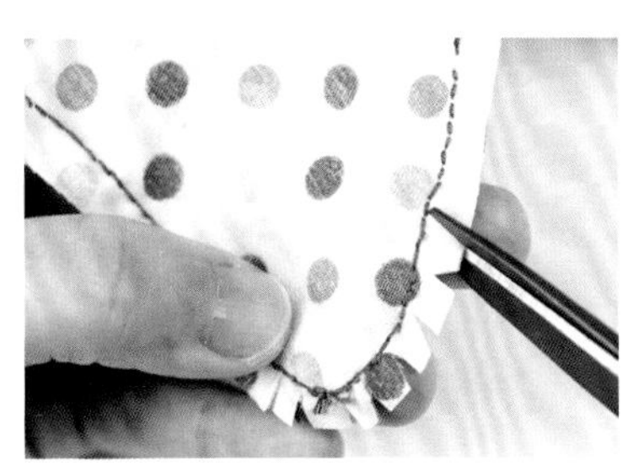

3 尾鳍缝份修剪为0.5 cm后，剪牙口。

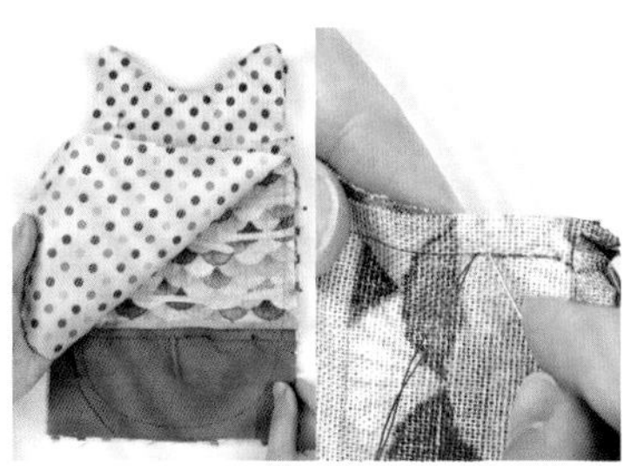

4 前、后片表布正面相对对齐，侧边以回针缝缝合（不要缝到里布）。

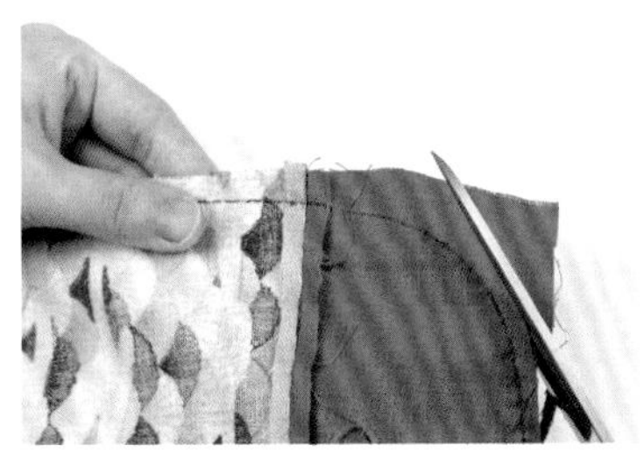

5 步骤4的制品缝份修剪为0.5 cm后，剪牙口。

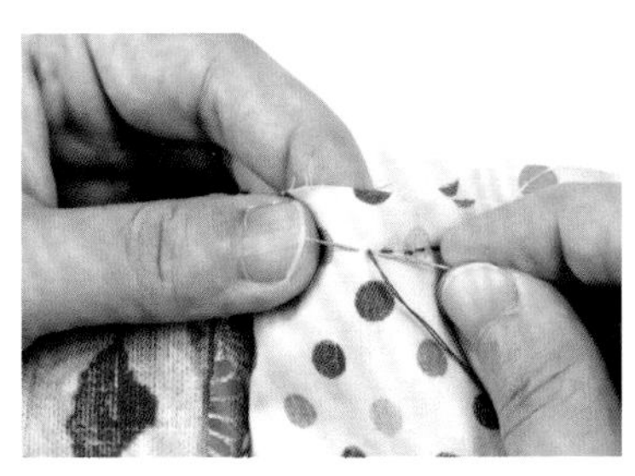

6 里布正面相对对齐，侧边以回针缝缝合（不要缝到表布），留返口。

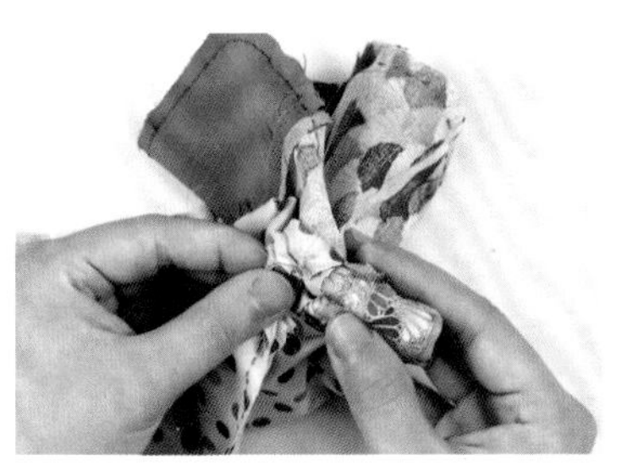

7 从返口处翻回正面后，缝合里布返口。

8 里布放入表布内。

9 在步骤2留的1 cm的上、下侧，表、里布一起整圈以平针缝压线缝合。

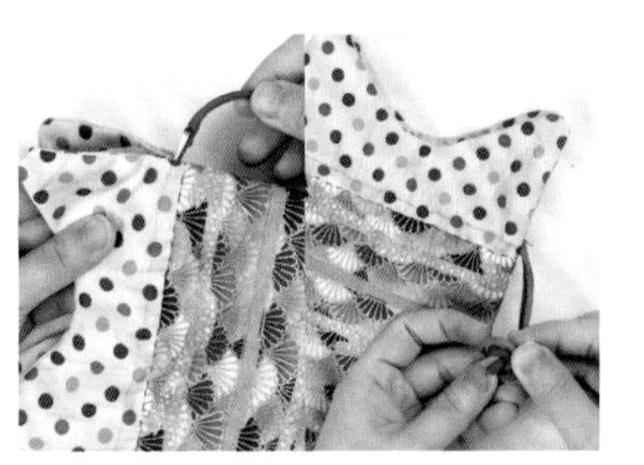

10 剪两段绳子，分别从袋两侧1 cm洞口处，穿一圈出来。绳端打结固定，即完成。（打结处也可以包裹布片装饰。）

手缝基础

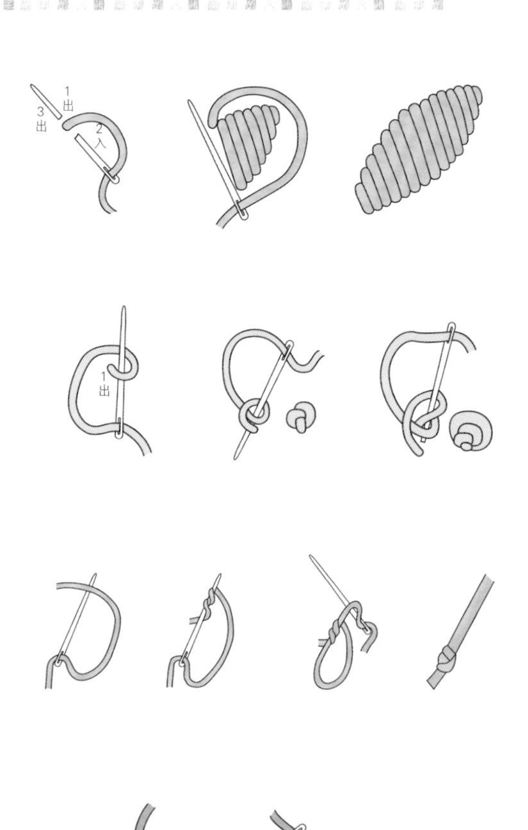

◎缎面绣

从图案背面入针，1出，2入，3出，依此顺序重复，尽量使线与线之间没有缝隙，以同一方向的针迹，将图案填满。

◎结粒绣

针自背面入针，1出，将所有的线拉出，线在针上缠绕一圈，将缠绕了线的针插回一开始出针的孔附近（越靠近越好，但不要插回同一个孔中），针先不要整个穿过布面。以左手将线拉紧，再将针完全穿过孔至背面。若想要颗粒大一些，可以在针上多绕几圈。

◎打结

通常用于结尾收针，拿起线置于针尖处。将线以顺时针方向绕三至四圈。以手指捏住线圈并往上拉针和线，直至到底，即完成打结。

◎平针缝

1出，2入，3出。以相同方法继续，4入，5出，线距相同，而线距大于针距，如图。

◎回针缝

1出，2入，3出。从4（即2处）入针，5出。

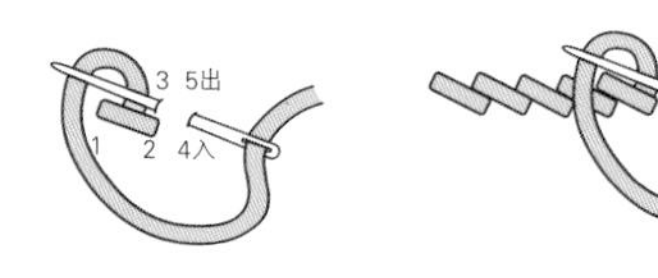

◎轮廓绣

1出，2入，再从1、2线迹中间的3出针。4入，5出。以相同方法继续，轮廓绣即完成。

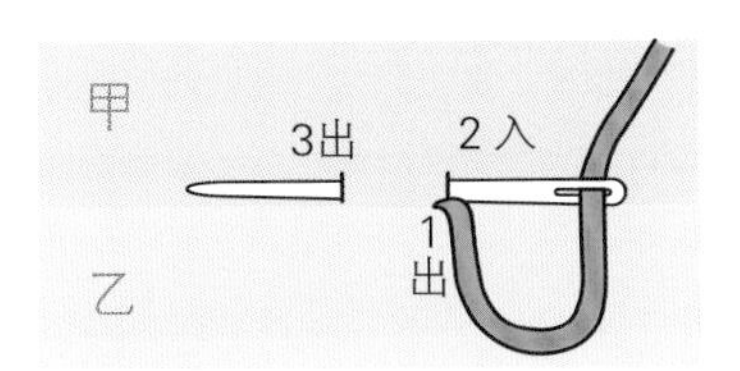

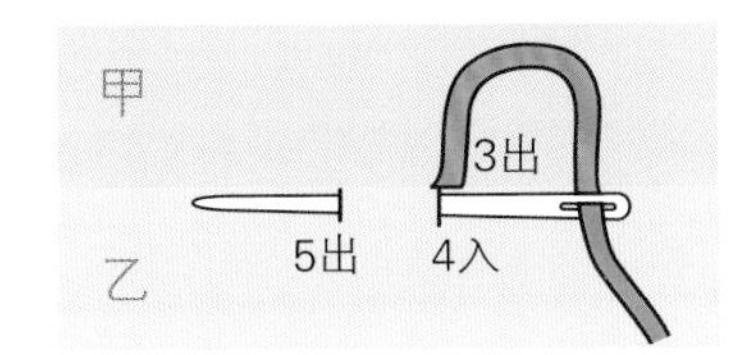

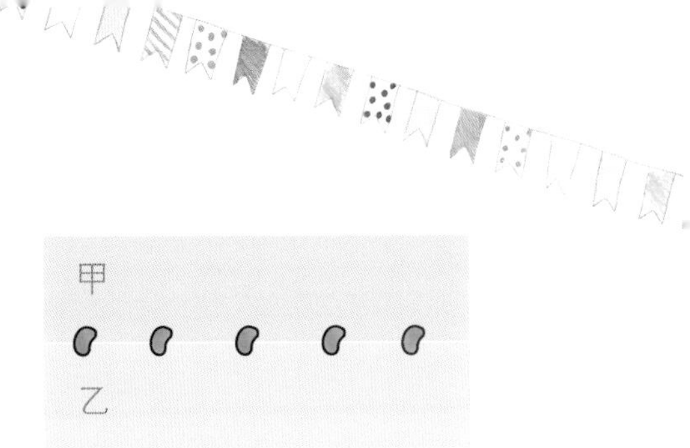

◎藏针缝

藏针缝主要用于甲、乙缝合时。从乙的折缝穿出（1出），如图所示穿入甲（2入），穿过甲约0.3 cm出针（3出）。以同样方法继续，穿入乙折缝处（4入），穿过乙约0.3 cm出针（5出），重复。所以针线的走向图是⊔⊓⊔⊓，缝完时要记得把线拉紧，就看不到缝线喔！

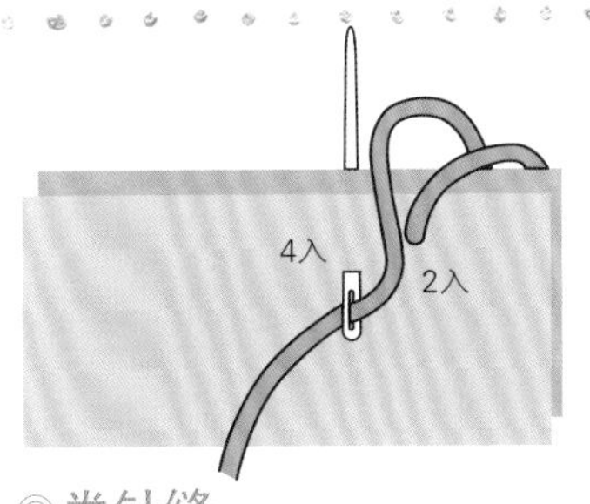

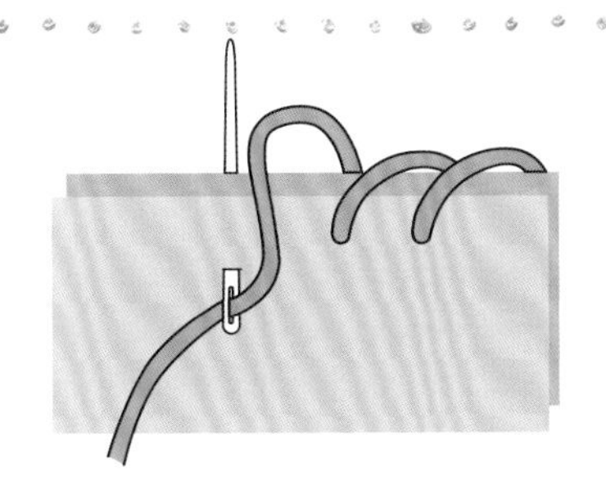

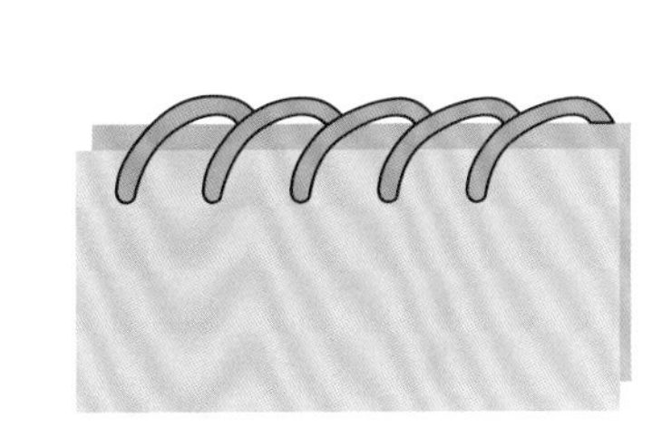

◎卷针缝

从两片布之间入针（把线头藏在布中间），穿出表面（1出），从侧面绕到另一块的表面入针（2入），回另一块的表面出针（3出）。一直重复相同方向的入针（4入）、出针（5出）。侧面看起来呈环状。

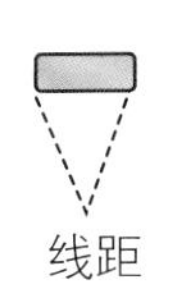

◎线距

一段缝线的长度。

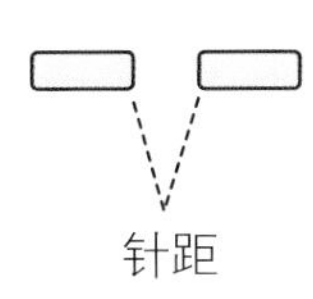

◎针距

表面缝线与缝线之间的距离。

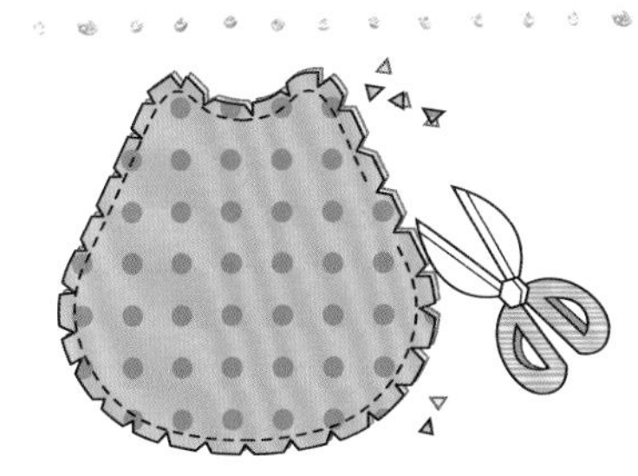

◎剪牙口

在布的缝份外缘剪一刀或小缺口称为剪牙口。通常会在布角或是弧线处剪牙口，让翻回正面的作品较为平整顺滑。

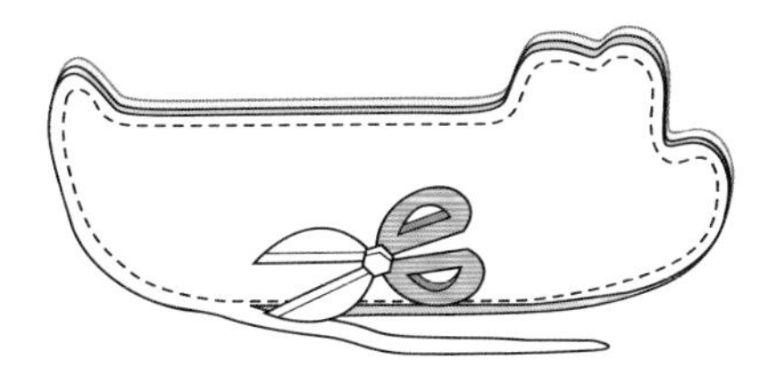

◎修剪铺棉

缝合完成后，将缝份处多余的铺棉剪掉，以防作品翻回正面时边缘太厚。

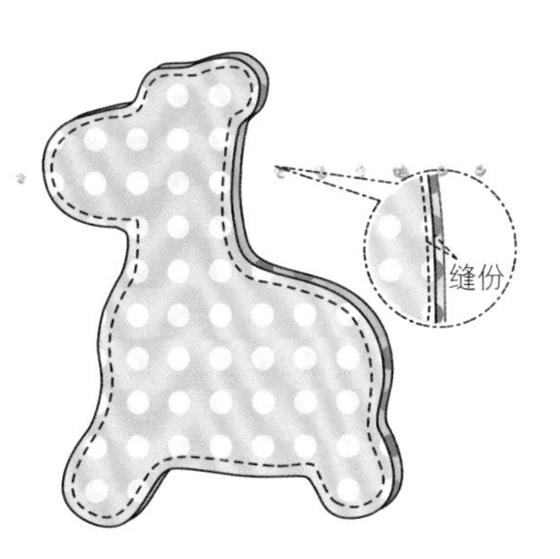

◎缝份

在所需要的布块实际尺寸以外，为缝合而多留的宽度，通常为1 cm至2 cm，依作品而定（本书以0.5 cm～1 cm为主）。

◎裁布说明

裁布的缝份尺寸统一设定为外加1 cm计算，为方便读者计算布料尺寸，尾数0.5 cm直接进1位为需要的布料尺寸。

吉利猴钥匙包

纸型A面 p.6

★ 材料

表布（咖啡色）12 cm×32 cm
里布12 cm×27 cm
铺棉12 cm×32 cm
【各部位用布】
猴子眼部、口鼻部10 cm×18 cm
香蕉4 cm×6 cm
香蕉蒂3 cm×4 cm
粉红色屁股5 cm×9 cm
绳子35 cm
装饰扣1颗
镂空片1个
钥匙圈1个
眼睛用圆珠2颗

★ 制作方法

1 表布与里布正面相对对齐，底部放置铺棉，画出猴子身体与耳朵的轮廓，以回针缝缝合，并留返口。

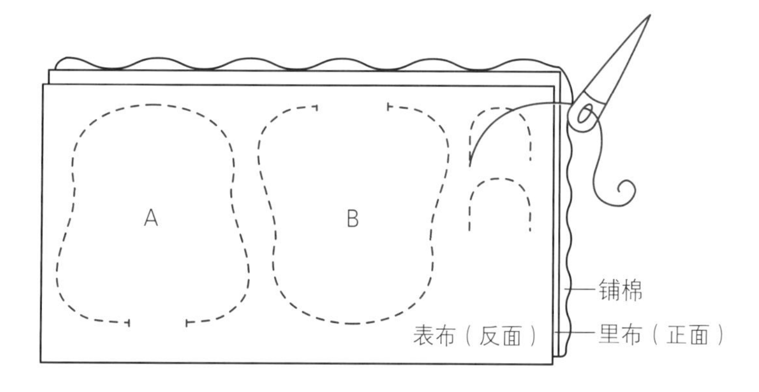

2 外加缝份0.5 cm剪下，修剪铺棉并剪牙口，从返口处翻回正面，返口处以藏针缝缝合，备用。

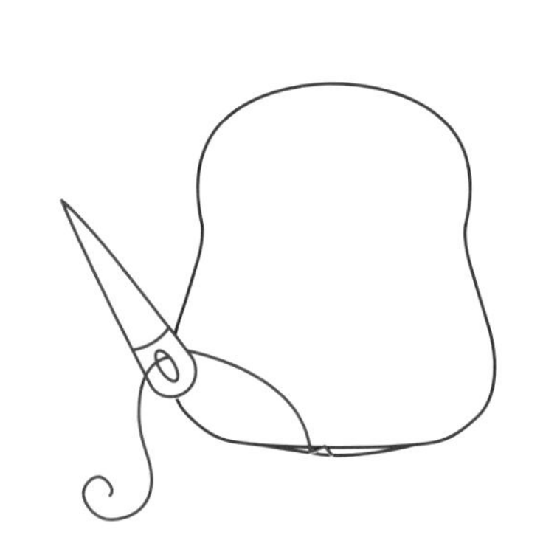

3 咖啡色表布、口鼻部用布正面相对对折，底部放置铺棉，画上猴子口鼻部、胳膊等，以回针缝缝出轮廓。

4 外加缝份0.5 cm剪下，修剪铺棉并剪牙口，从任一面开返口洞，翻回正面，备用。

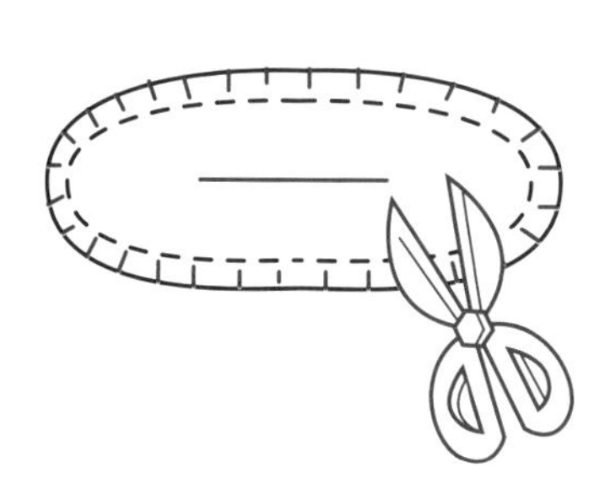

5 在步骤1的A表布正面，以贴布缝缝上眼部及香蕉、香蕉蒂布片。

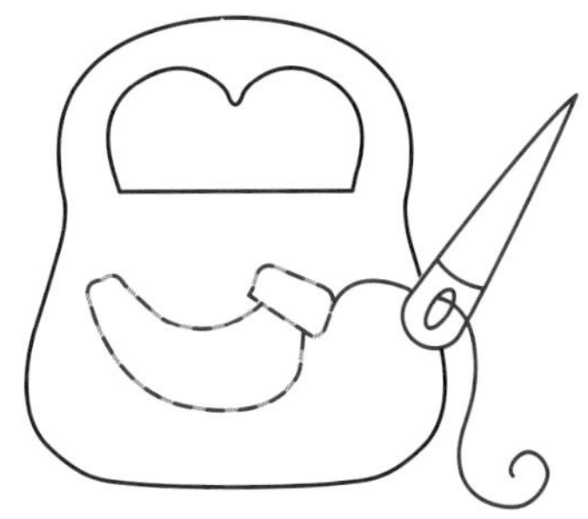

6 将步骤4的口鼻部及胳膊以藏针缝缝于如图所示位置，并绣上鼻子及嘴巴。最后缝上眼睛用圆珠。

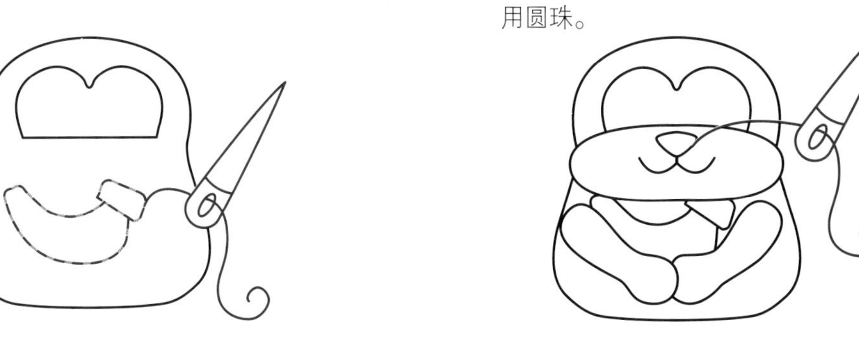

7 在步骤1的B表布正面，将屁股布片以贴布缝缝于下端。

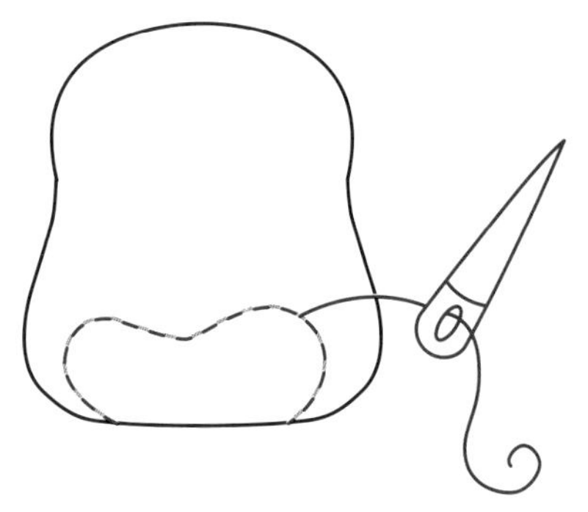

8 将步骤6、7的制品里布相对对齐，将耳朵夹于两颊侧，顶端留1 cm穿绳口，下端留钥匙处，其余以藏针缝缝合。

9 绳子对折，从顶端穿绳口穿入，如图。

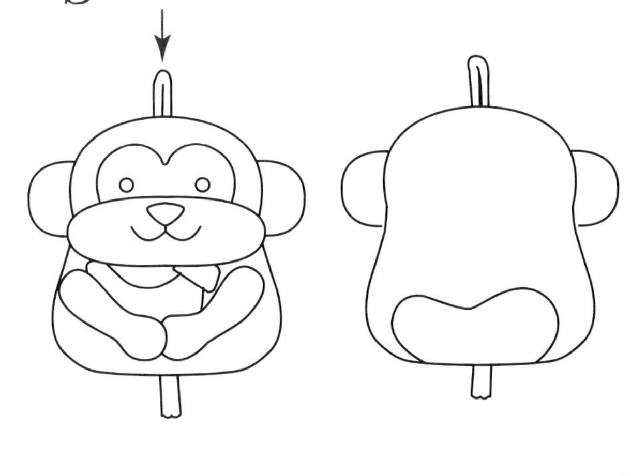

10 绳子顶端缝上装饰扣，下端缝上钥匙圈，最后在钥匙圈上端固定镂空片装饰，即完成吉利猴钥匙包。参照此做法，做出其他生肖动物吧！

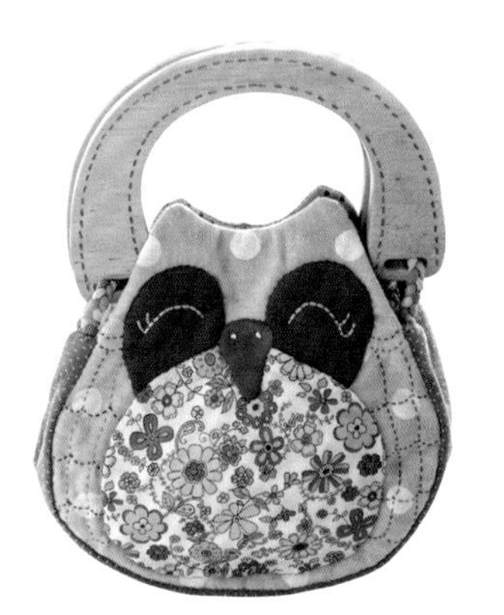

猫头鹰手拿包

纸型B面 p.8

★ 材料

表布23 cm×46 cm
侧身布12 cm×45 cm
里布35 cm×46 cm
铺棉46 cm×62 cm
【各部位用布】
猫头鹰眼部14 cm×18 cm
猫头鹰口鼻部6 cm×10 cm
猫头鹰腹部17 cm×30 cm
木质提手2个
渐变色绳子144 cm
磁扣1对

★ 制作方法

1 表布反面画出猫头鹰的前、后片，与里布正面相对对齐，底部放置铺棉，沿着轮廓进行回针缝，留返口。外加缝份0.5 cm剪下，修剪铺棉并剪牙口，从返口处翻至正面，缝合返口。

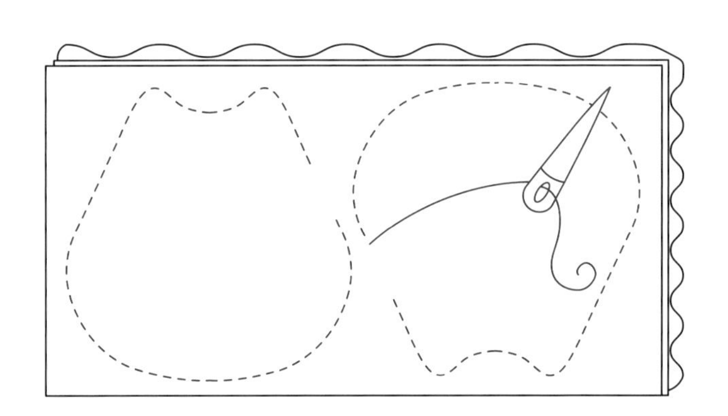

2 侧身：裁剪45 cm×11.5 cm的侧身布，与里布正面相对对齐，底部放置铺棉，上、卜侧以回针缝缝合。修剪铺棉并剪汈口，从返口处翻至正面。

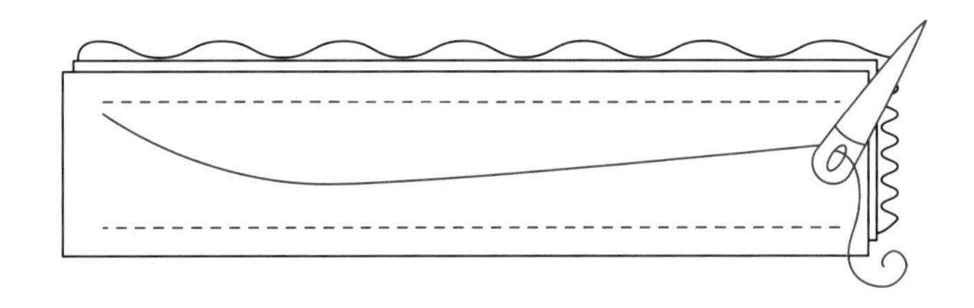

3 猫头鹰眼部：两片布正面相对对齐，反面画出眼形，底部放置铺棉，以回针缝缝合，留返口。外加缝份0.5 cm剪下，修剪铺棉并剪牙口，从返口处翻至正面，缝合返口。完成两个。

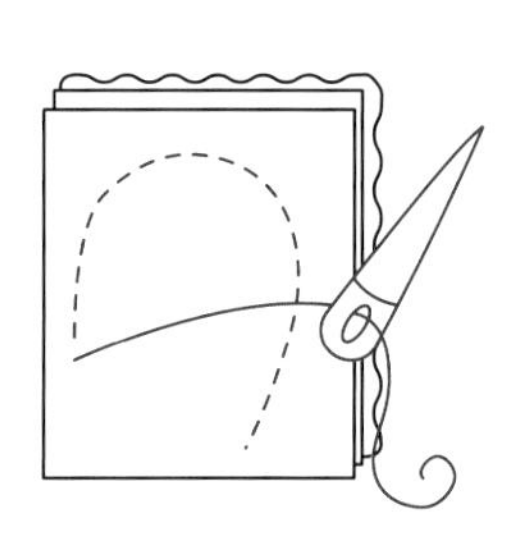

4 同步骤3的做法制作猫头鹰的口鼻部、腹部，分别将各部位置于前片正面，以藏针缝缝合，如图。

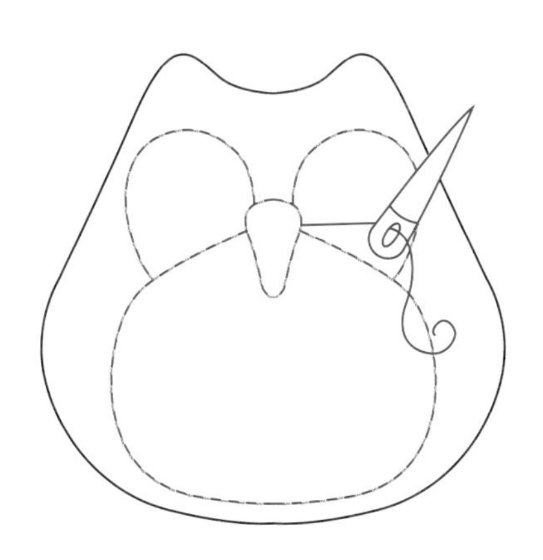

5 猫头鹰前、后片身体部位压线形成羽毛状，口鼻部绣出鼻孔，眼部绣出眼睛纹路。

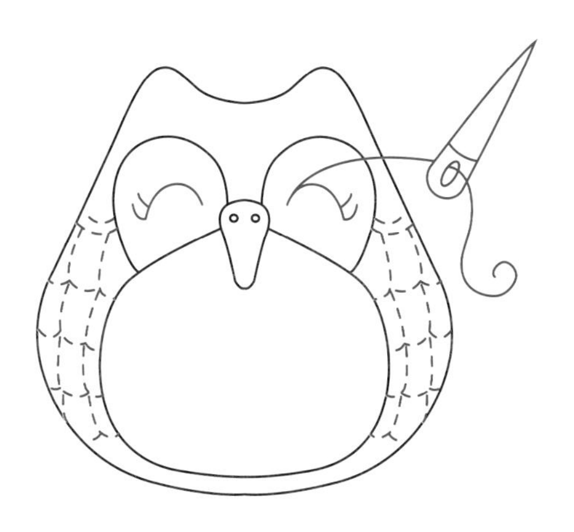

6 取三条渐变色绳子，编三股辫至10 cm长，共制作4条。

7 将侧身与前、后片分别缝合，三股辫穿入提手环对折，两端分别放入侧身返口内固定。

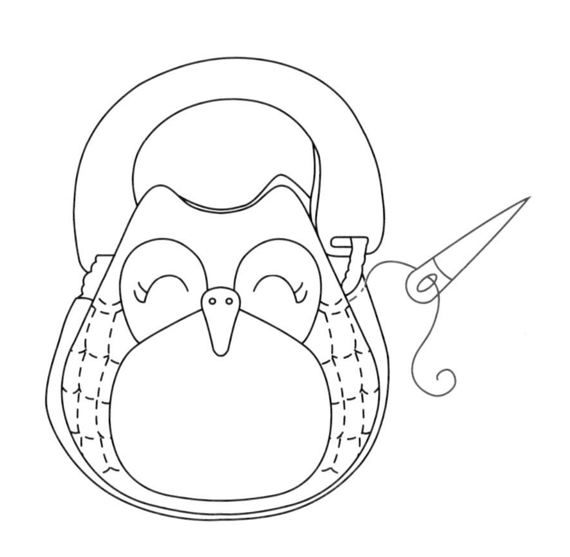

8 包口内侧缝上磁扣，即完成。

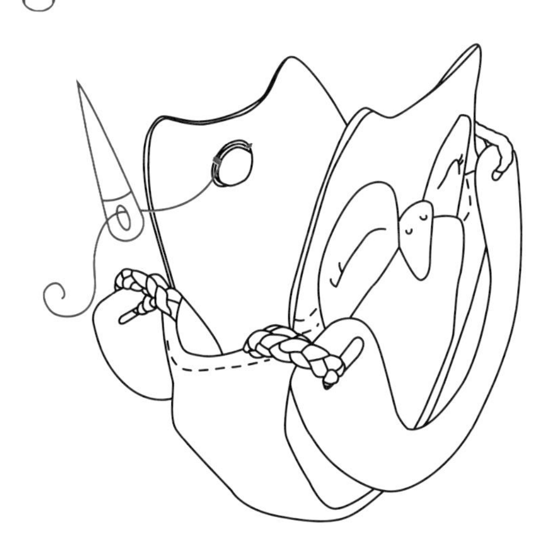

猫头鹰两用背包 纸型B面 p.10

★ 材料

表布52 cm×82 cm	D形环6个
里布52 cm×82 cm	织带200 cm
铺棉74 cm×82 cm	45.5 cm长的拉链1条
【各部位用布】	日形环2个
猫头鹰眼部24 cm×29 cm	龙虾扣3个
猫头鹰嘴巴10 cm×18 cm	口形环1个
猫头鹰腹部28 cm×48 cm	磁扣1对

★ 制作方法

1 表布反面画上袋身前、后片，与里布正面相对对齐，底部放置铺棉，三层以回针缝缝出轮廓，留返口。外加缝份0.5 cm剪下，修剪铺棉并剪牙口，从返口处翻回正面，缝合返口。

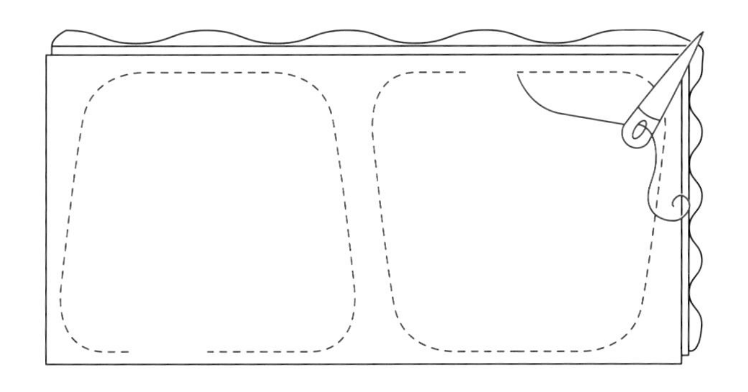

2 猫头鹰眼部：两片布正面相对对齐，反面画出猫头鹰眼部轮廓，底部放置铺棉，沿着轮廓以回针缝缝合。外加缝份0.5 cm剪下，修剪铺棉并剪牙口，在任一面开返口洞，从返口处翻回正面。

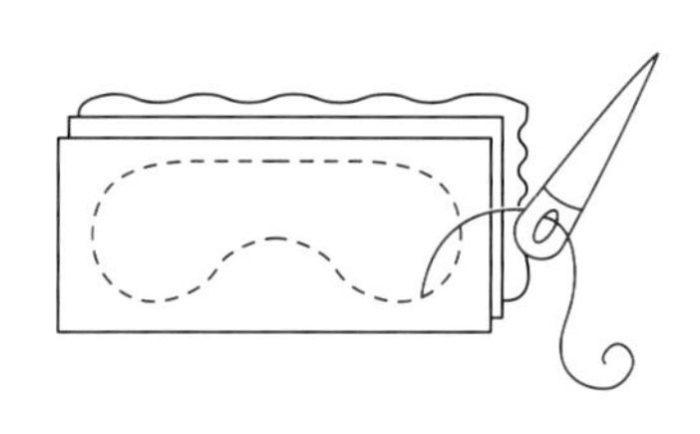

3 将眼部布片置于前片表布的合适位置，边缘以藏针缝缝合（眼部布片有返口的面为背面）。

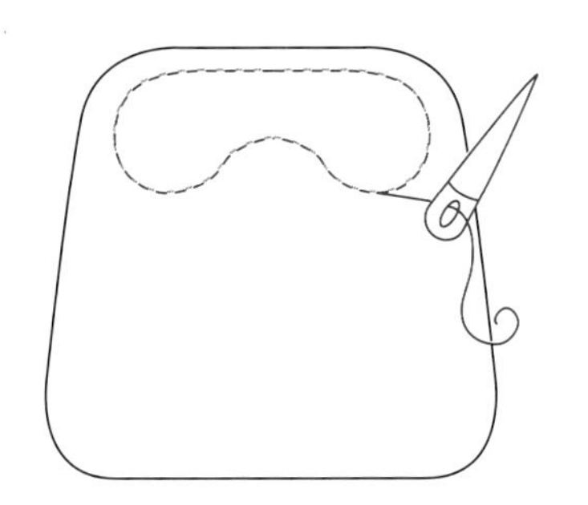

4 同步骤1的做法制作出腹部（作为前袋），置于步骤3制品的正面，沿着袋侧边缘缝合固定，眼部绣上眼睛纹路。

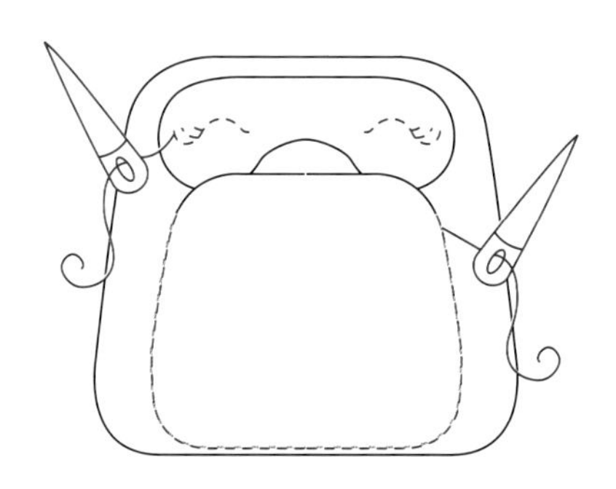

5 同步骤1的做法制作猫头鹰嘴巴。嘴巴上边缘固定于前片表布上后，嘴巴背面与前袋分别缝上公、母磁扣，如图。

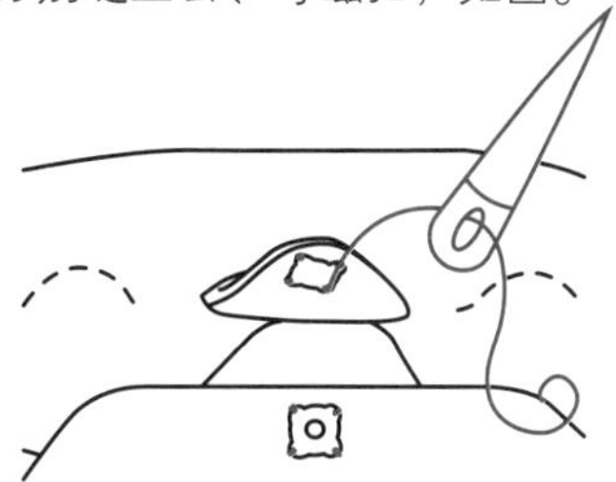

6 侧身：裁剪表布9 cm×82 cm，与相同尺寸的里布正面相对对齐，底部放置铺棉，上、下边以回针缝缝合，修剪铺棉并剪牙口，从返口处翻回正面。

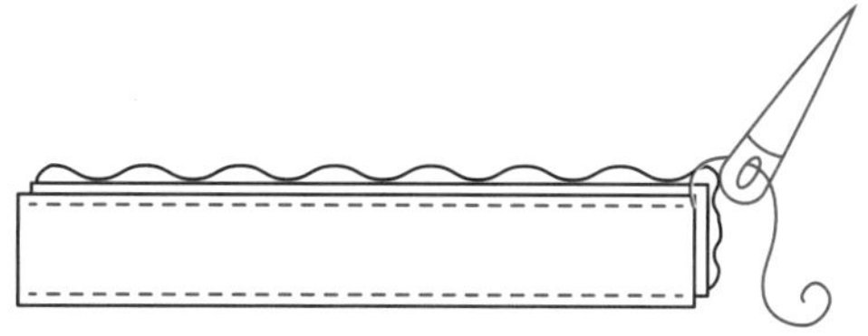

7 拉链侧布：裁剪表布、里布各4.5 cm×43 cm，正面相对对齐，底部放置铺棉，上、下边以回针缝缝合，修剪铺棉并剪牙口，从返口处翻回正面。制作两片。

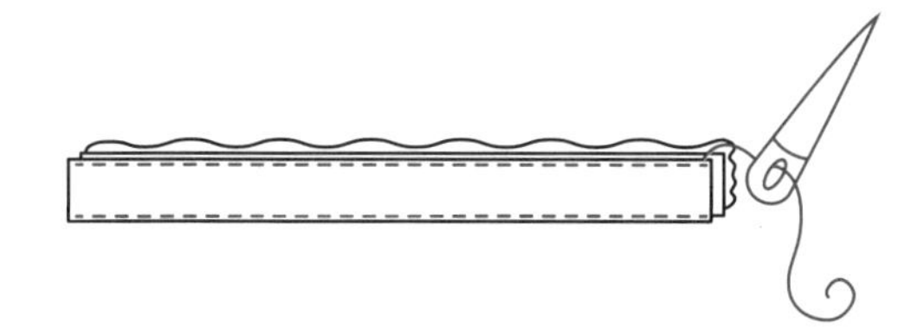

8 将拉链侧布分别置于拉链两侧，以平针缝缝合固定。

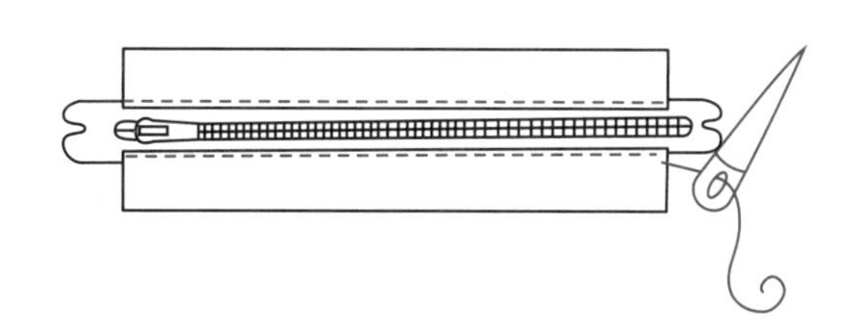

9 裁剪宽3 cm、长5 cm的织带共五条，一端分别固定D形环。其中两个先分别稍固定于拉链两端，然后整个拉链布片与步骤6的侧身接合呈环状。

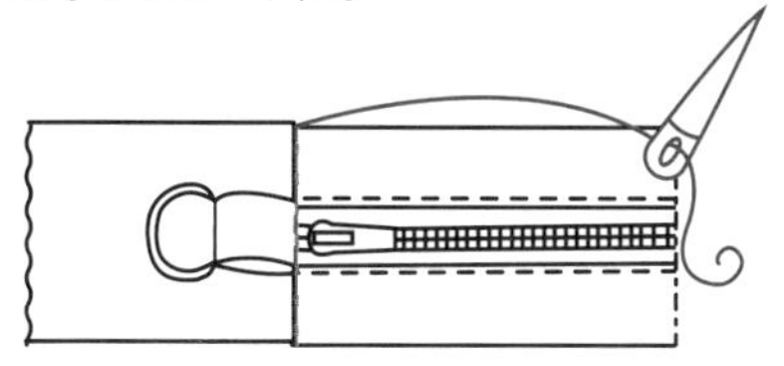

10 固定D形环的织带分别稍固定于后片背面的上、下两侧，如图，与步骤9做好的环状侧身定位好后，以藏针缝缝合。

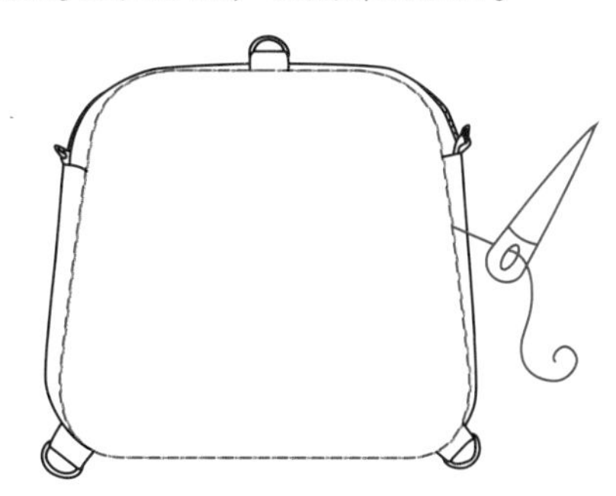

11 侧身另一侧与前片定位好后，缝合固定。利用约165 cm长的织带制作两用肩带（可依个人需求调整长度）。完成。

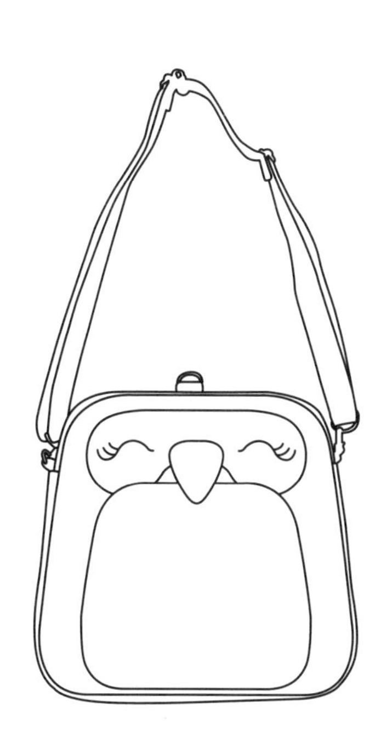

俏皮狼手机包

纸型B面 p.13

★ 材料

表布、里布适量	头发、尾巴20 cm×24 cm
【各部位用布】	绣线
深灰色布17 cm×35 cm	暗扣1对
眼睛、牙齿7 cm×9 cm	

★ 制作方法

1 表布上画上脸部轮廓，挖出眼睛、嘴巴的洞后，缝上眼睛布、牙齿布，并绣出牙齿。

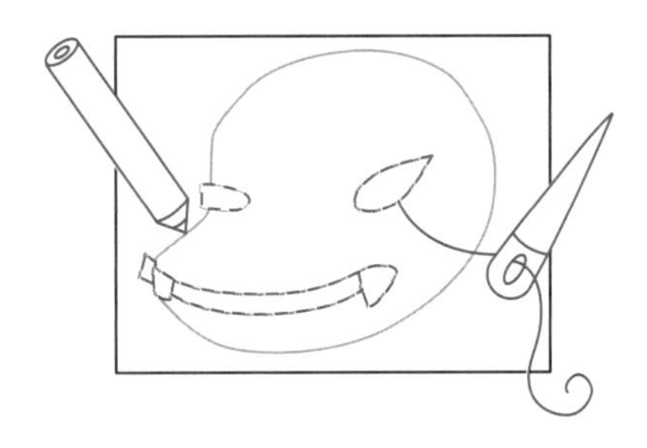

2 步骤1的制品外加缝份0.5 cm剪下，与同尺寸的里布正面相对对齐，底部放置铺棉，边缘以回针缝缝合，并留返口。

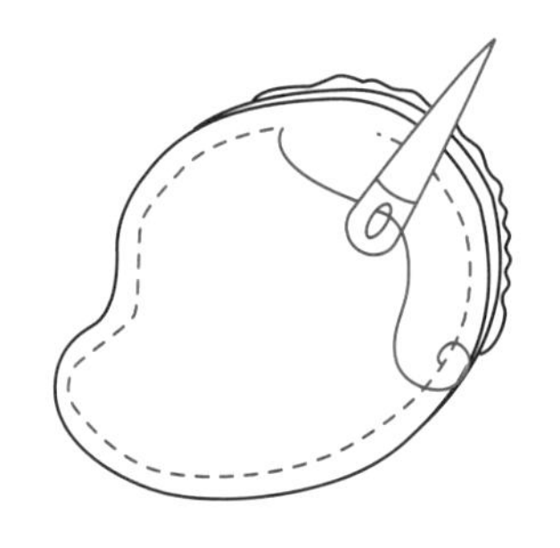

3 修剪铺棉并剪牙口，从返口处翻回正面，缝合返口。在脸部绣上黑眼珠、鼻子。

4 取内耳布（表布），画上耳朵轮廓，取深灰色布以贴布缝缝于内耳布正面为外耳部分。外加缝份0.5 cm剪下。

5 将步骤4的制品与同尺寸的深灰色布正面相对对齐，底部放置铺棉，沿着实际尺寸以回针缝缝合，并留返口。

6 修剪铺棉并剪牙口，从返口处翻回正面，返口处往内折以藏针缝收口。以相同做法制作另一只耳朵。

7 分别将左、右两耳，以藏针缝缝于步骤3做好的脸部两侧上端。

8 在肚子表布上画出手机袋前片。剪深灰色布外加缝份，以藏针缝缝于肚子右侧为背部。

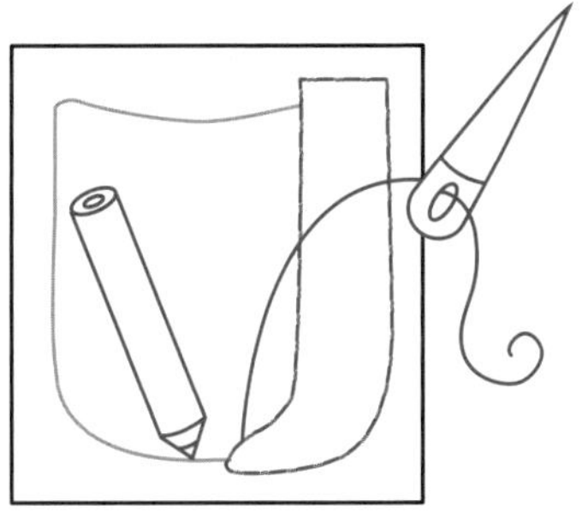

9 将步骤8的制品外加缝份0.5 cm剪下，与同尺寸的里布正面相对对齐，底部放置铺棉，以回针缝缝合边缘，留返口。修剪铺棉并剪牙口，从返口处翻至正面，缝合返口。

10 手机袋后片以相同方法制作，将表布、深灰色布、铺棉三层重叠，做回针缝，留返口。修剪铺棉并剪牙口，从返口处翻回正面，缝合返口。

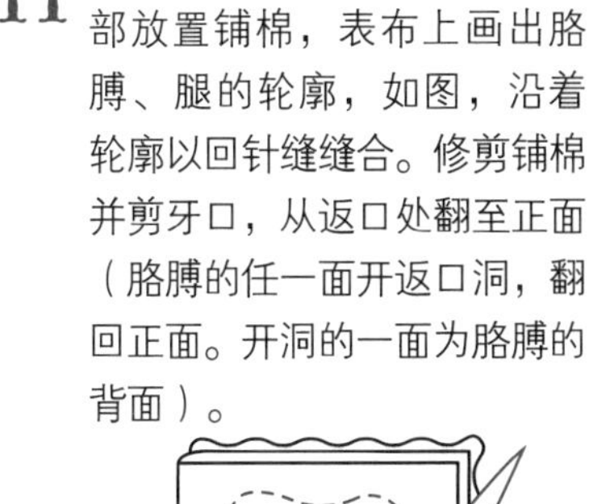

11 深灰色布正面相对对折，底部放置铺棉，表布上画出胳膊、腿的轮廓，如图，沿着轮廓以回针缝缝合。修剪铺棉并剪牙口，从返口处翻至正面（胳膊的任一面开返口洞，翻回正面。开洞的一面为胳膊的背面）。

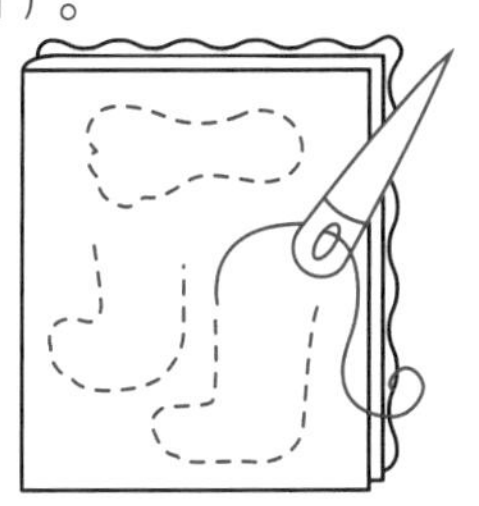

12 将手机袋前、后片背面相对对齐，边缘与凵形侧身对齐后以藏针缝缝合。将腿的返口缝合，固定于袋底，胳膊以藏针缝缝合于袋面。

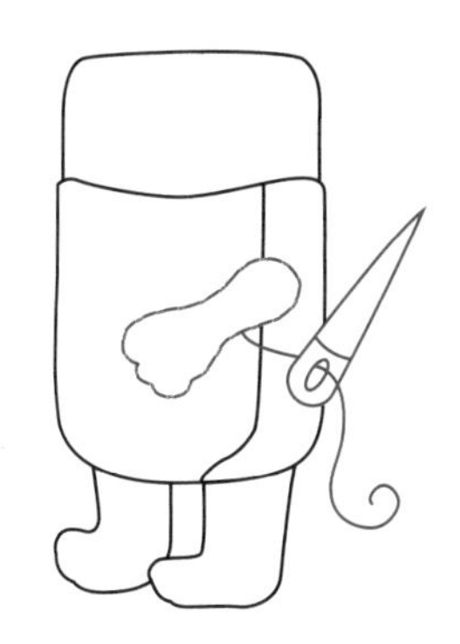

13 取步骤7、12的制品，如图重叠，袋身上边缘与狼头背面以藏针缝缝合固定。

14 尾巴：毛绒布正面相对对齐，沿着尾巴轮廓缝合，留返口。外加缝份0.5 cm剪下，剪牙口翻回正面，缝合返口，以藏针缝缝合于手机袋侧边。

头发：裁剪毛绒布，以藏针缝缝于狼头顶的两耳之间。手、脚上绣出爪纹，最后在袋口相对位置上缝上暗扣即完成。

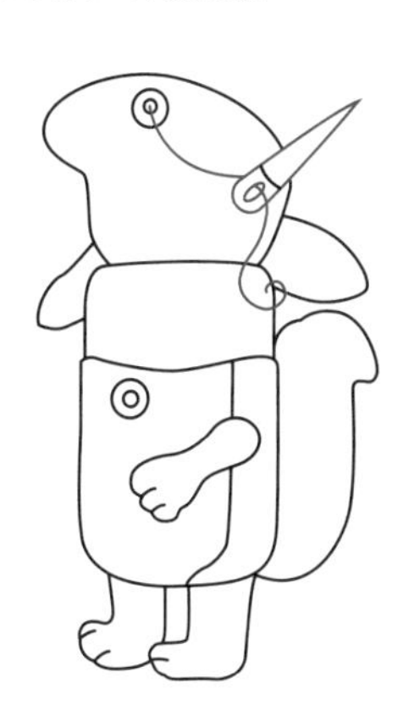

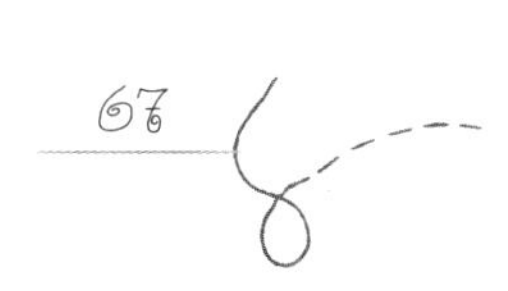

松鼠餐具包

纸型B面 p.94

★ 材料

表布22 cm×26 cm
里布26 cm×44 cm
铺棉30 cm×50 cm
【各部位用布】
素布（淡黄色）15 cm×20 cm
松鼠口鼻部4 cm×6 cm
腮红、内耳5 cm×10 cm
头发、尾巴11 cm×15 cm
松鼠身体9 cm×20 cm
牙齿（白色不织布）2 cm×2 cm
格子围巾8 cm×28 cm
袖子6 cm×10 cm
橡子壳5 cm×6 cm
橡子果5 cm×6 cm
绣线
暗扣1对
眼睛用扣子2颗
咖啡色压克力颜料
画笔

★ 制作方法

1 脸部：淡黄色素布正面画上脸部，以贴布缝缝上头发，沿着脸部轮廓加0.5 cm剪下，即为脸部表布。

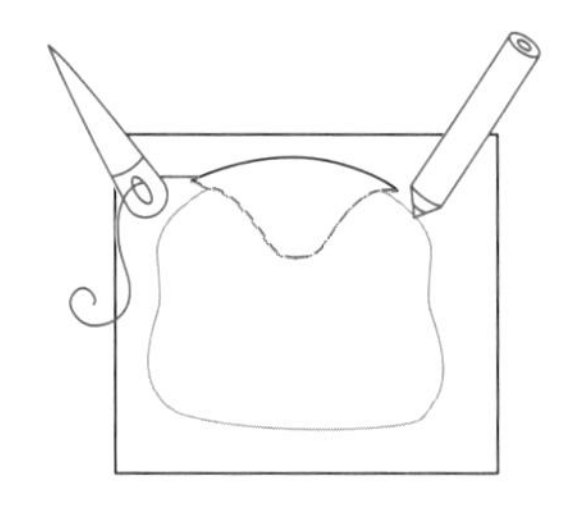

2 剪同步骤1表布尺寸的里布与铺棉，表、里布正面相对对齐，表布底部放置铺棉，沿轮廓以回针缝缝合，修剪铺棉并剪牙口。在里布上剪返口洞，从返口处翻回正面。

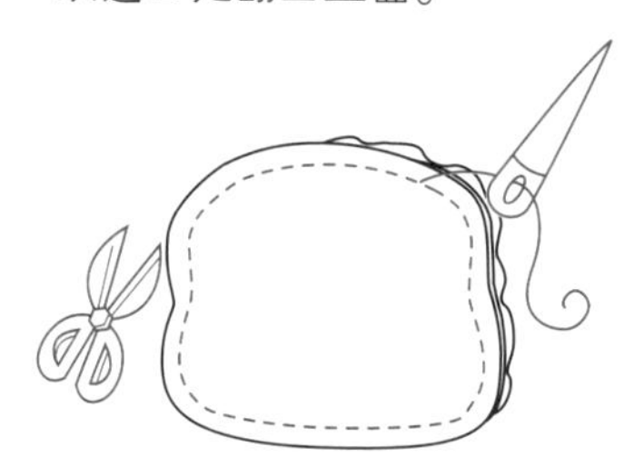

3 取淡黄色素布，两片正面相对对齐，底部放置铺棉，画出松鼠耳朵、手、腿轮廓，以回针缝缝合，留返口。修剪铺棉并剪牙口，从返口处翻回正面。

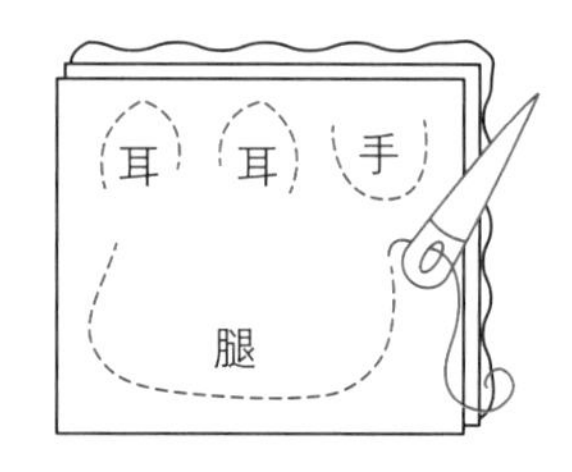

4 袖子：两片布正面相对对齐，底部放置铺棉，沿着袖子的轮廓，以回针缝缝合，如图。

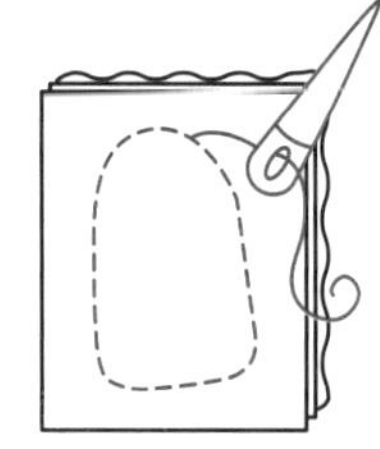

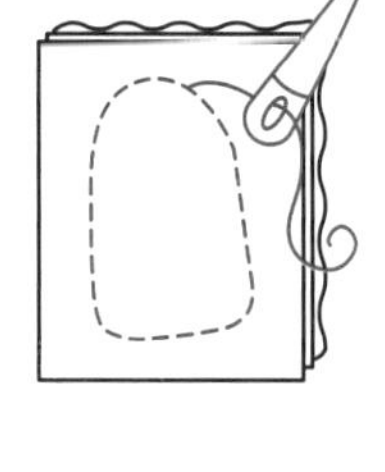

5 袖子外加缝份0.5 cm剪下，修剪铺棉并剪牙口。其中一面剪返口洞（此面作为背面），从返口处翻回正面，备用。

6 A至E图：分别取尾巴、围巾、腮红、口鼻部、身体的用布两片，正面相对对齐，底部放置铺棉，沿着轮廓缝合，如图。外加缝份0.5 cm剪下，修剪铺棉并剪牙口，从返口处翻回正面［其中围巾B1、口鼻部D的布片从一面剪返口洞（此面为背面），翻回正面］。缝合返口。

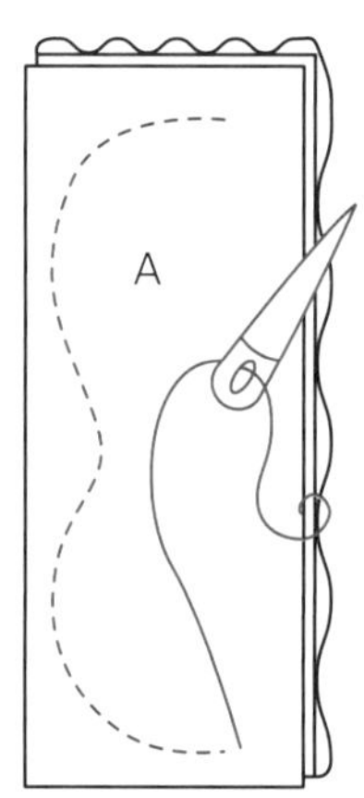

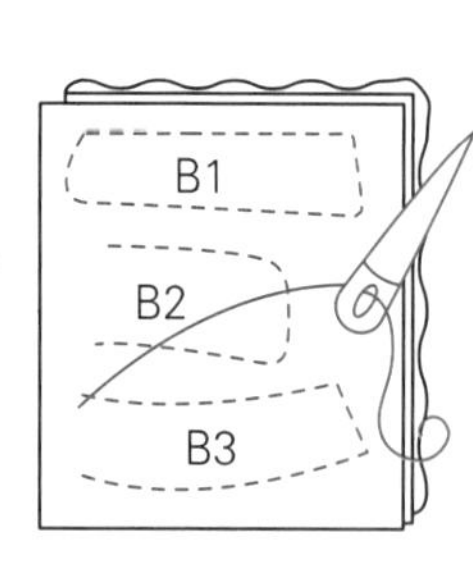

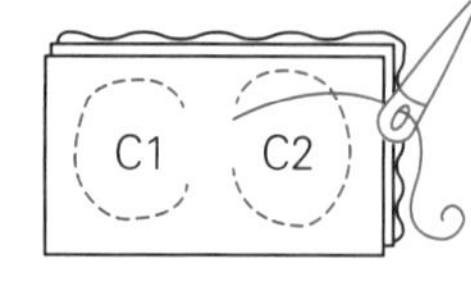

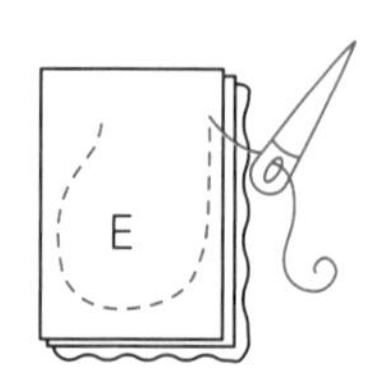

7 裁剪餐具包里布22 cm×25.5 cm。再剪一片分隔袋布22 cm×25 cm，反面相对对折，置于餐具包里布下端，压出放置餐具的分隔线（可依个人需求，压出需要的分隔尺寸）。

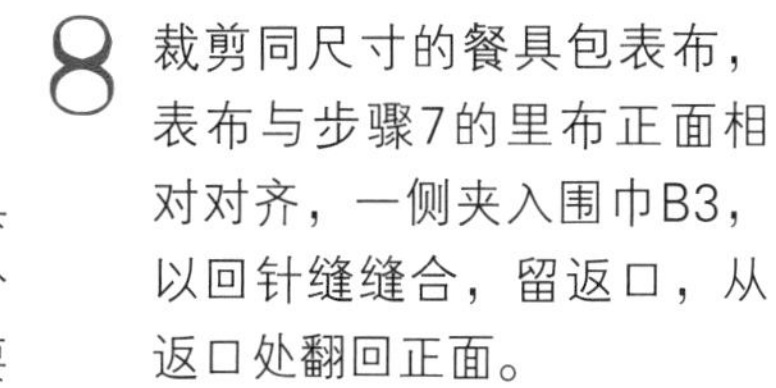

8 裁剪同尺寸的餐具包表布，表布与步骤7的里布正面相对对齐，一侧夹入围巾B3，以回针缝缝合，留返口，从返口处翻回正面。

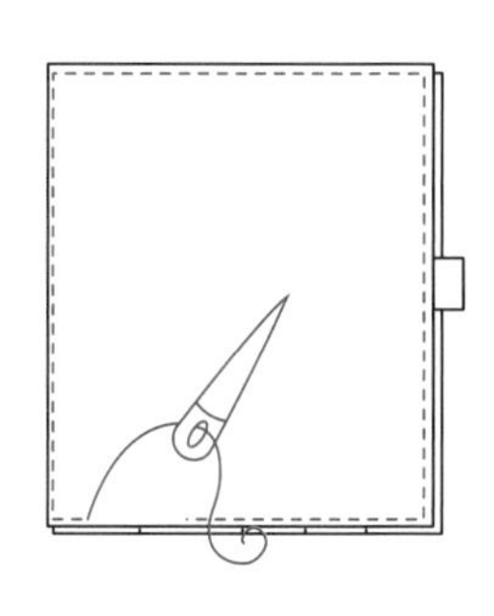

9 取步骤3做好的耳朵部分，以贴布缝缝上内耳，备用。

10 以白色不织布剪出松鼠的牙齿，备用。

11 分别将松鼠各部位，按1至8的顺序，缝于餐具包表布的右侧。

12 绣出口鼻部、尾巴、腿上的线。

13 剪橡子果、橡子壳的布片，以贴布缝缝于松鼠身体表面。

14 步骤5的袖子前端压缝上步骤3的手部，以藏针缝缝于松鼠身体表面。手部绣出纹路，并于脸部缝上眼睛用扣子。最后缝上围巾及暗扣，并于头发及尾巴处，以压克力颜料画上纹路。

花栗鼠钥匙包

纸型B面 p.96

★ 材料

表布14 cm×26 cm	橡子壳4 cm×5 cm
里布14 cm×26 cm	滚边条35 cm
铺棉14 cm×26 cm	绣线
【各部位用布】	35.5 cm长的拉链1条
素布（黄咖啡色）8 cm×30 cm	金属环1个
头发、尾巴5 cm×11 cm	钥匙圈5个
橡子果5 cm×5 cm	眼睛用圆珠2颗

★ 制作方法

1 表布正面相对对折，如图，以回针缝缝出双耳及胳膊，剪牙口，从返口处（胳膊布片一面开返口洞）翻回正面。

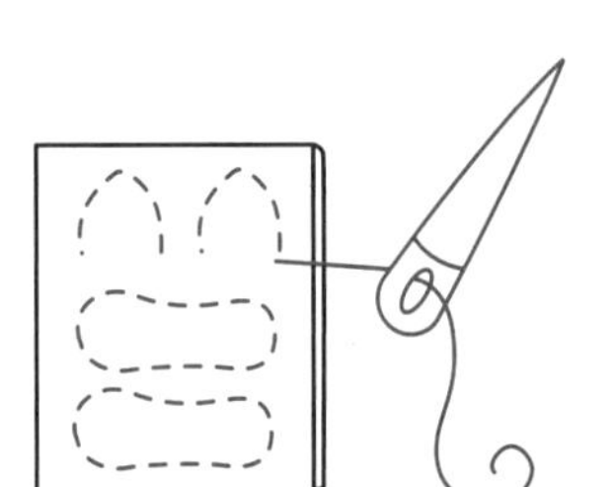

2 将做好的耳朵置于钥匙包表布上，以贴布缝缝上尾巴及黄咖啡色素布（头、身）。

3 以相同做法将松鼠的头发、橡子果、橡子壳，以贴布缝缝合。

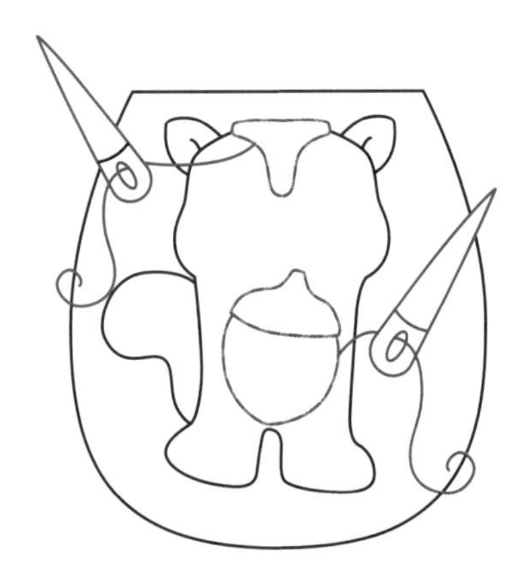

4 缝上步骤1做好的胳膊后，为手、脚绣上爪纹。钉上眼睛用圆珠。脸部绣出卜巴、鼻子、嘴巴。

5 表布底部放置铺棉，表布与里布正面相对对齐，上端以回针缝缝合。

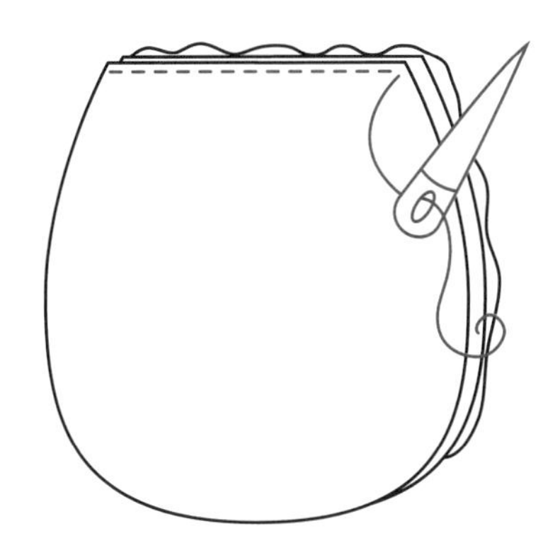

6 将里布翻至最后一层，侧边滚边条收边，表面压线装饰。依步骤5至6制作后片。

7 将前、后片背面相对，上端以藏针缝缝合。

8 将金属环放入，侧边缝上拉链。

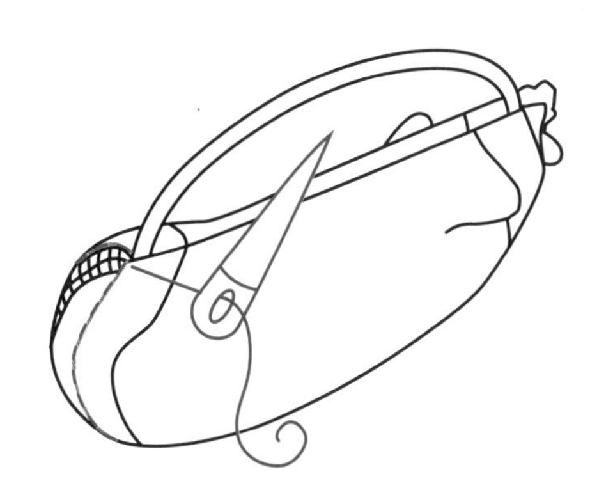

9 拉链内侧以卷针缝缝于里布表面。

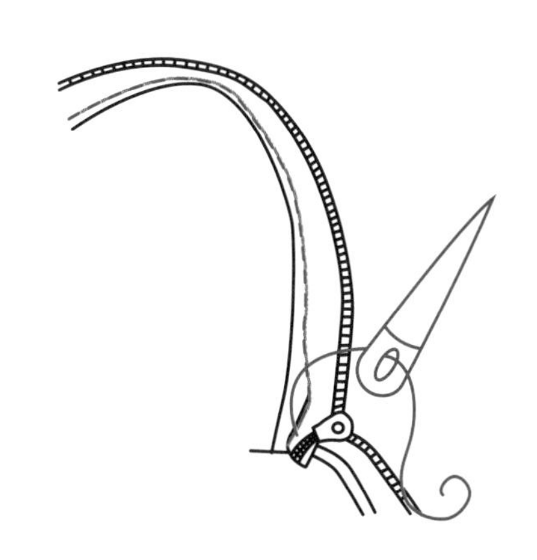

10 钥匙包完成。

狐狸零钱包

纸型B面 p.23

★ 材料

表布12 cm×15 cm
里布12 cm×30 cm
铺棉15 cm×34 cm
【各部位用布】
素布（红色）15 cm×32 cm
狐狸鼻头4 cm×10 cm
狐狸腮红6 cm×14 cm
绣线
15.2 cm长的拉链1条

★ 制作方法

1 裁剪零钱包表布，以贴布缝缝上腮红与红色素布的鼻子。

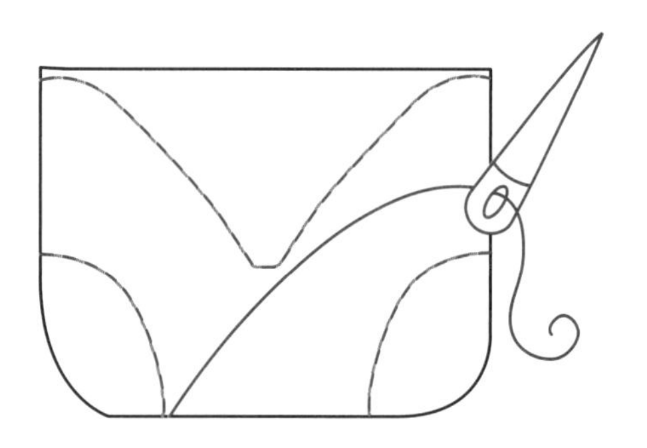

2 鼻头：将布正面相对对折，底部放置铺棉，沿着椭圆形边缘缝合，修剪铺棉并剪牙口，从一面开返口洞，翻回正面。

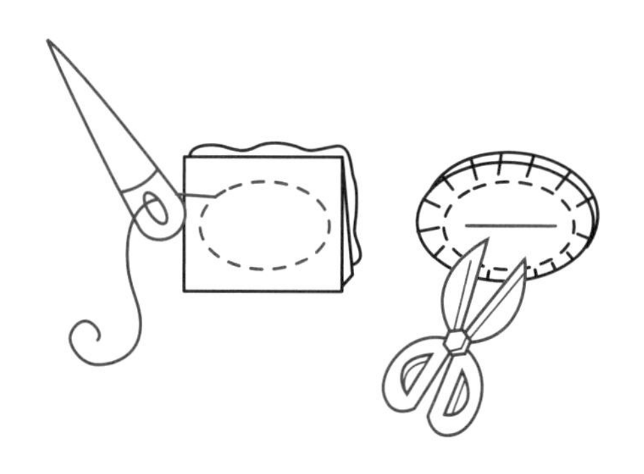

3 将做好的鼻头开洞面朝下放在步骤1做好的脸部的合适位置，边缘以藏针缝缝合。

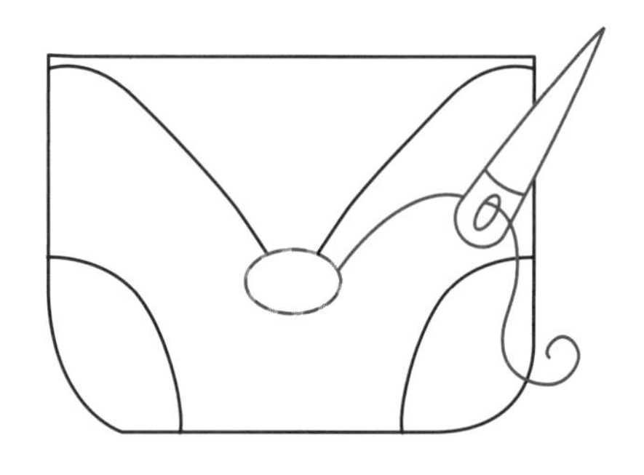

4 表布底部放置铺棉，绣出弯弯的眼睛。

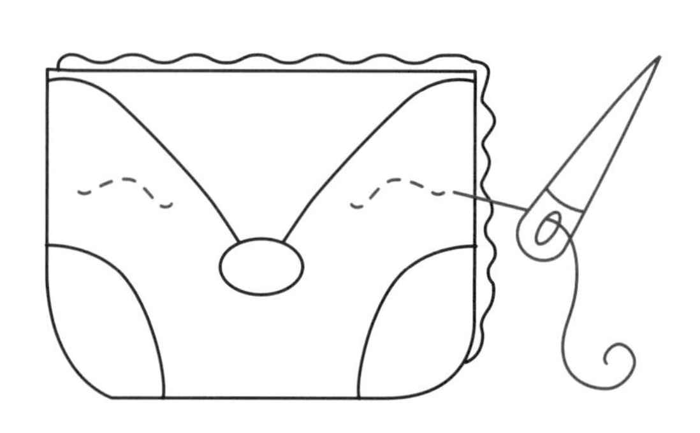

5 耳朵、尾巴：红色素布正面相对对折，底部放置铺棉，以回针缝缝出左耳、右耳以及尾巴的外形。

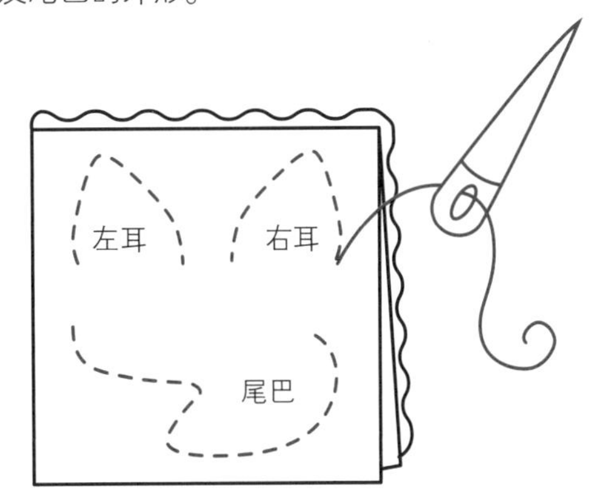

6 修剪铺棉并剪牙口，从返口处翻回正面，缝合返口。

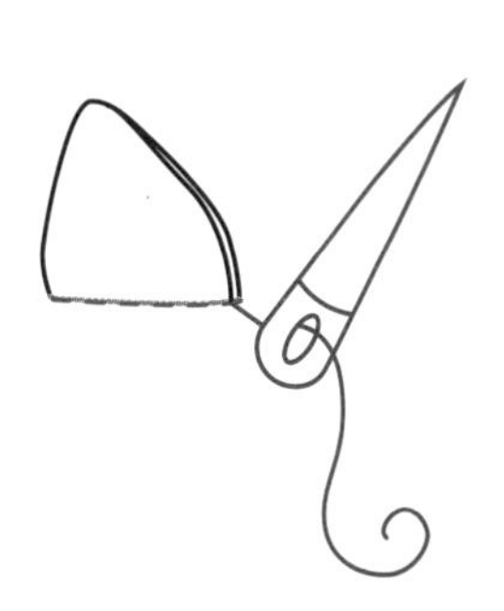

7 尾巴端绣出皮毛的层次。

8 参考p.54缝合拉链及里布。包口两端，以藏针缝缝上左耳、右耳，并缝合侧边的狐狸尾巴。

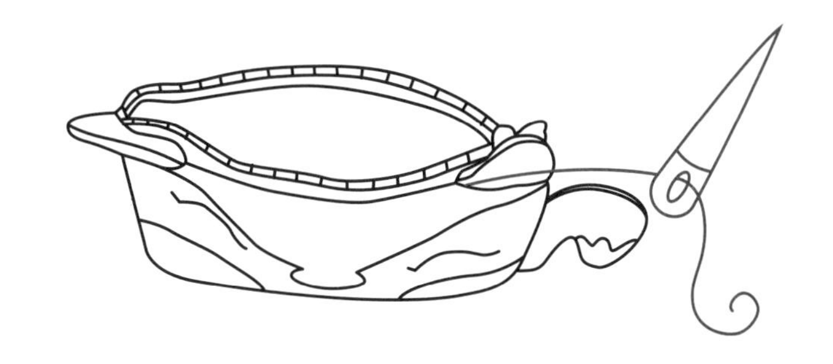

9 完成狐狸零钱包。

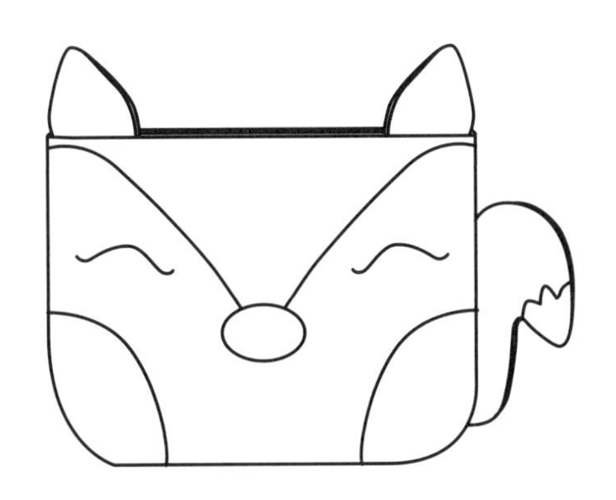

狮子王腰包

纸型B面 p.20

★ 材料

表布、里布各42 cm×45 cm
铺棉38 cm×46 cm
【各部位用布】
鬃毛（咖啡色布）34 cm×52 cm
狮子鼻子8 cm×12 cm
狮子腮部10 cm×12 cm

绣线
22.8 cm长的拉链1条
135 cm长的织带
塑胶插扣1组
眼睛用扣子2颗

★ 制作方法

1 狮子鬃毛：咖啡色布反面画上各片鬃毛的轮廓，两片布正面相对对齐，底部放置铺棉，以回针缝缝合。

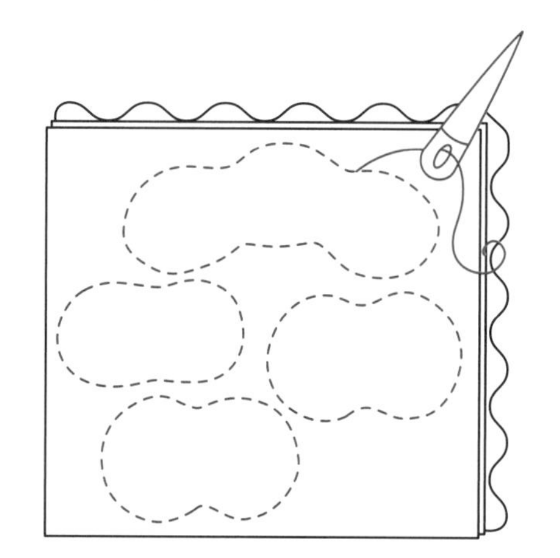

2 步骤1的制品外加缝份0.5 cm剪下，修剪铺棉并剪牙口。布片的一面开返口洞（要注意开洞的位置，必须可以与脸部重叠，以免返口外露而不美观），从返口处翻回正面。

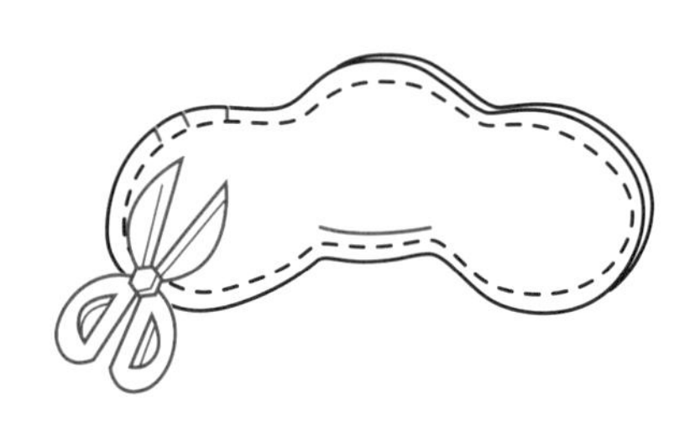

3 翻回正面后，返口以卷针缝缝合，正面压出鬃毛卷曲的装饰。

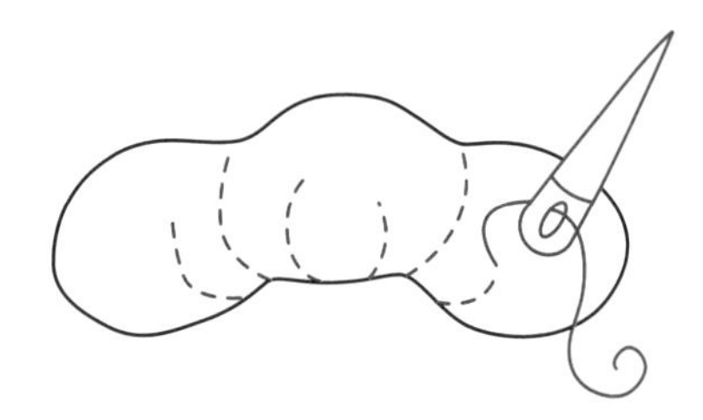

4 分别取脸部、头后部、鼻子、腮部的用布（用作表布），反面画上各自的轮廓。表布、里布、铺棉三层重叠，沿着轮廓以回针缝缝合。同步骤2的方法开返口洞（洞开在鬃毛可盖到的位置，头后部缝合时预留返口），翻回正面。

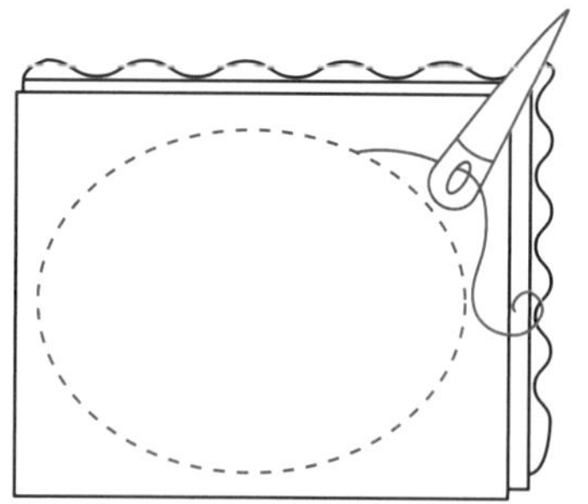

5 脸部正面缝上腮部、鼻子、眼睛用扣子后，如图绣上装饰。

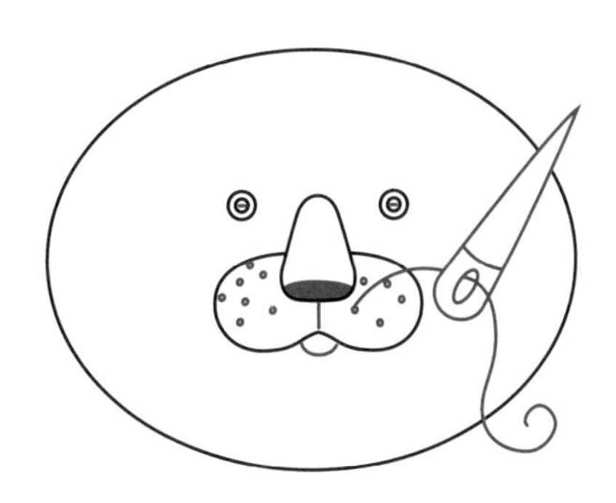

6 将步骤3完成的鬃毛定位于脸部外侧，以藏针缝缝合。

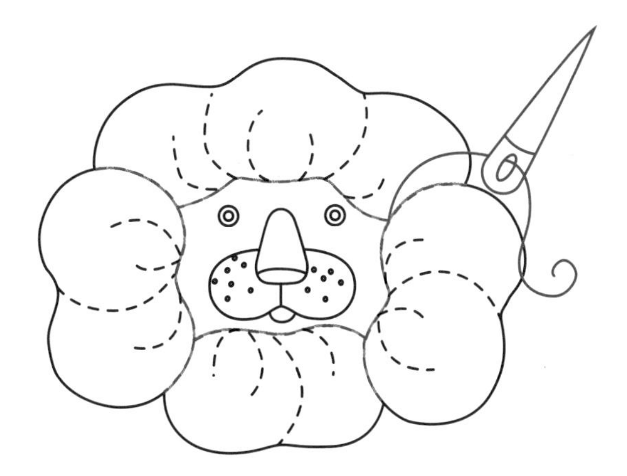

7 裁剪8 cm×37 cm的侧身布，表布、里布正面相对对齐，底部放置铺棉，上、下侧以回针缝缝合，修剪铺棉并剪牙口，从返口处翻回正面，正面压线装饰。

8 剪4 cm×21 cm的拉链侧布的表布、里布、铺棉各两片，取表布与里布正面相对对齐，底部放置铺棉，上、下侧以回针缝缝合，修剪铺棉并剪牙口，布条翻至正面。另一条侧布以相同方法制作，完成两条。

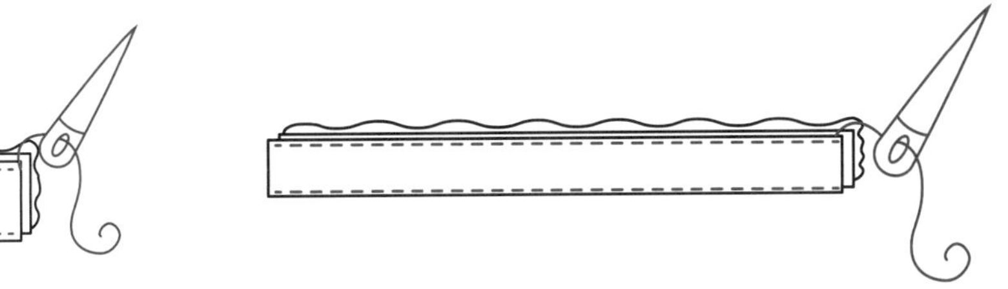

9 将步骤8的制品置于拉链两侧，以平针缝压线装饰，如图。

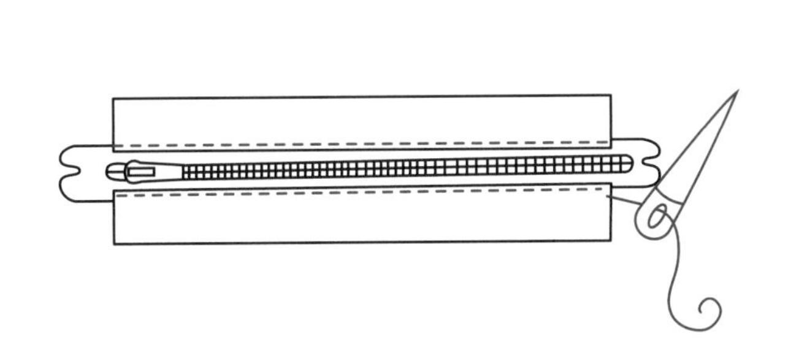

10 将步骤7与步骤9的制品的短边缝合，呈环状。

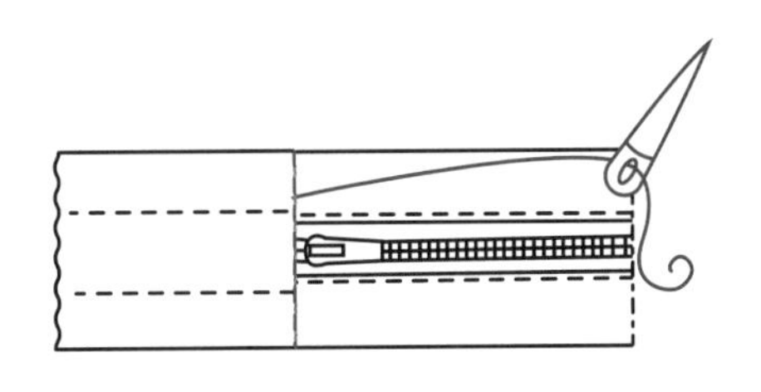

11 分别将头后部、步骤6完成的脸部与步骤10完成的环状侧身定位，以藏针缝缝合固定。

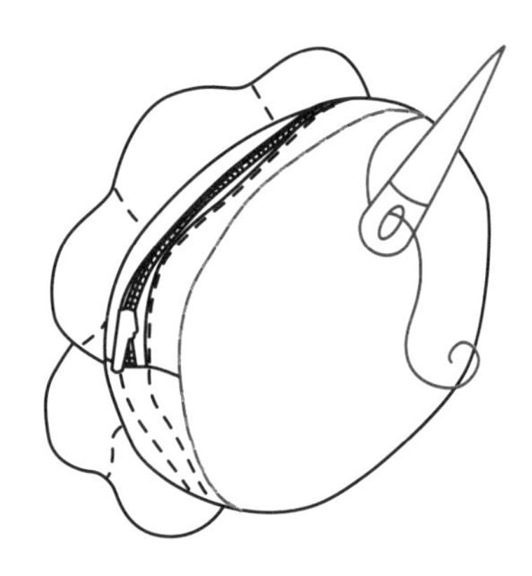

12 织带固定布：裁剪6 cm×13 cm的表布、里布。表布及里布正面相对对齐，底部放置铺棉，边缘以回针缝缝合，留返口。修剪铺棉并剪牙口，从返口处翻回正面。缝合返口。

13 将步骤12的制品定位于步骤11的制品的头后部正面，上、下侧以藏针缝缝合固定，完成穿绳口。

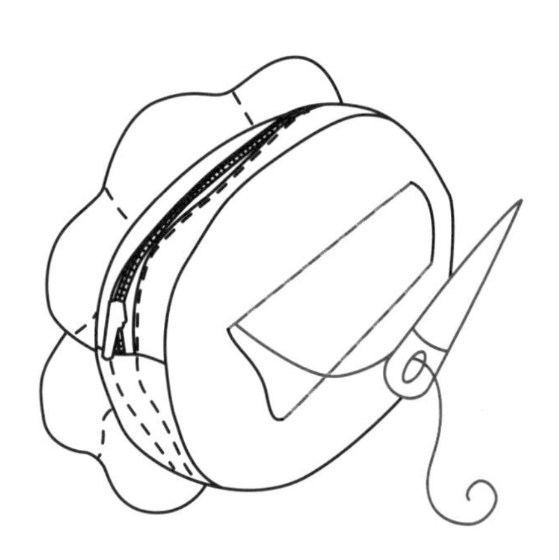

14 将织带穿过穿绳口（可依个人需求，剪为大人或是小朋友腰围的长度），在织带上固定塑胶插扣即完成。

金钱鼠零钱包

纸型A面 p.47

★ 材料

表布21 cm×28 cm
里布13 cm×28 cm
铺棉21 cm×28 cm
内耳布5 cm×10 cm
绣线
17.8 cm长的拉链1条

★ 制作方法

1 表布反面画出前、后片（左、右脸），以及两只耳朵的轮廓，与里布正面相对对齐，底部放置铺棉，以回针缝缝合，留返口。

2 外加缝份0.5 cm剪下，修剪铺棉并剪牙口，从返口处翻回正面。

3 剪内耳以贴布缝缝于耳朵正面，缝合返口。

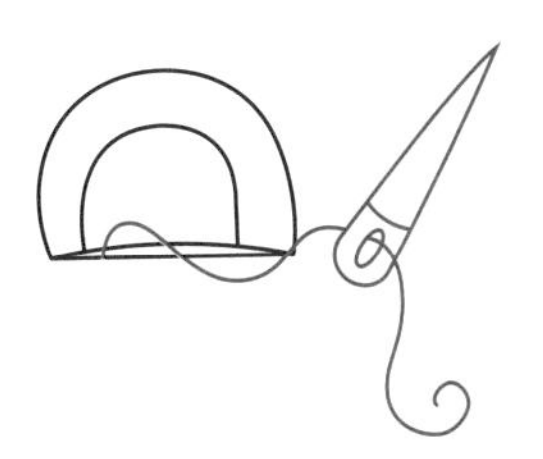

4 前片正面绣上眼睛、鼻子、嘴巴、胡须，并将牙齿绣在嘴巴下缘。

5 将耳朵稍固定于前片上端，以藏针缝将前、后片下侧缝合，如图。

6 拉链缝于开口处固定，拉链布一侧，以卷针缝缝合于里布正面，完成！

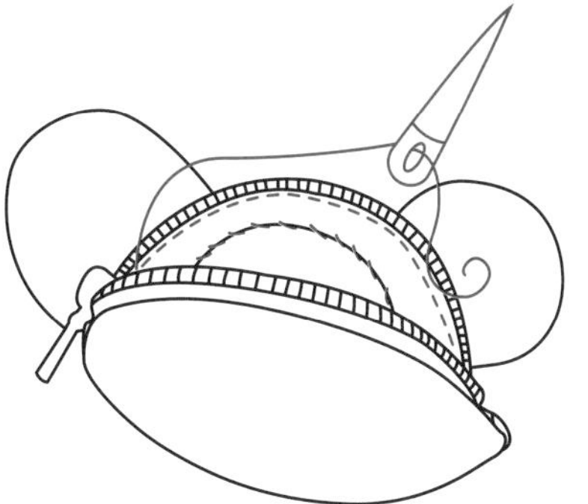

河马妈妈化妆包

纸型A面 p.24

★ 材料

表布24 cm×96 cm	眼白、牙齿（白色不织布）6 cm×6 cm
里布24 cm×96 cm	黑眼珠（咖啡色不织布）3 cm×4 cm
铺棉23 cm×86 cm	鼻孔（红紫色不织布）2 cm×4 cm
【各部位用布】	内耳（紫色不织布）3 cm×5 cm
河马脸部、耳朵、脚14 cm×27 cm	绣线
鼻子6 cm×26 cm	50 cm长的拉链1条

★ 制作方法

1 裁剪包身表布、里布、铺棉各14 cm×56 cm。表布与里布正面相对对齐，底部放置铺棉，如图以回针缝，缝⊏形，修剪铺棉并剪牙口，从返口处翻回正面。

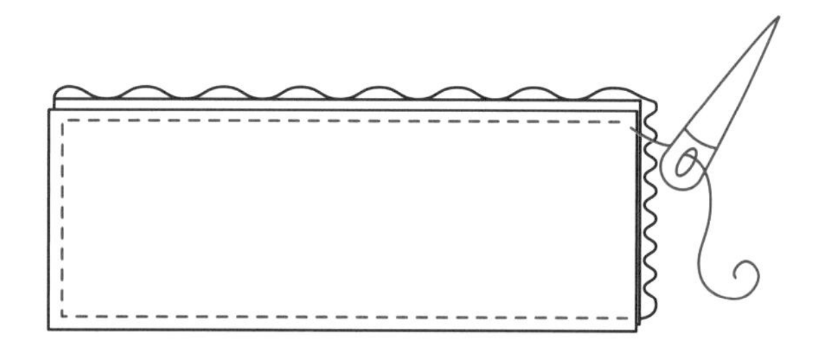

2 裁剪短径14 cm、长径20.5 cm的椭圆形表布、里布：表布与里布正面相对对齐，底部放置同尺寸的铺棉，以回针缝缝合，并留返口。修剪铺棉并剪牙口，从返口处翻回正面，缝合返口。完成底部。

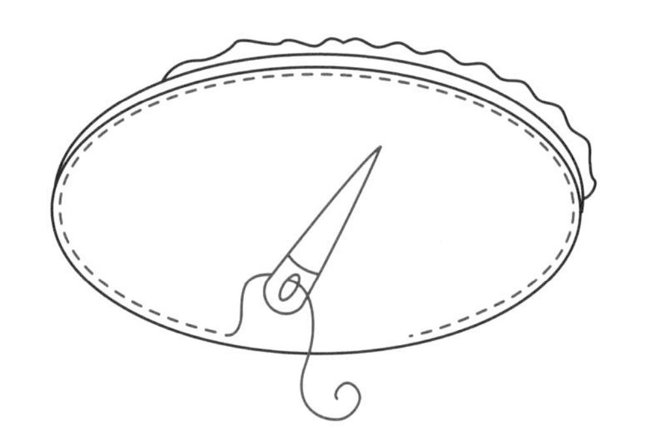

3 底部进行椭圆形压线，备用。以相同做法制作出上盖，压线完成。上盖返口处先留着，步骤8中使用。

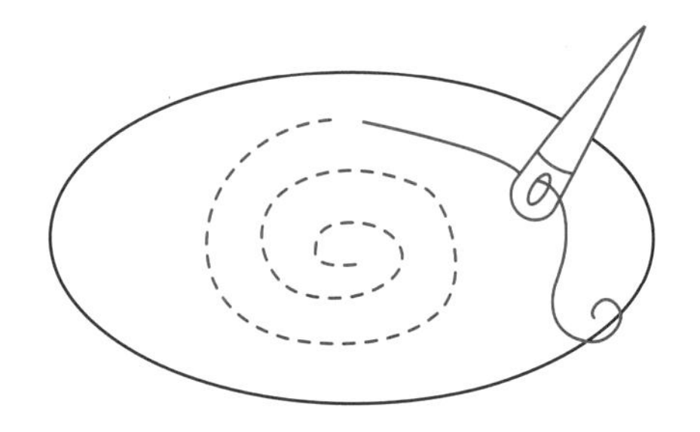

4 脸部、耳朵、脚：取两片布正面相对对齐，底部放置铺棉，画出脸、耳朵、脚的轮廓，如图以回针缝缝合。外加缝份0.5 cm剪下，修剪铺棉并剪牙口，从返口处翻回正面。（脚：任一面剪返口洞翻至正面，此面作为脚的背面。）

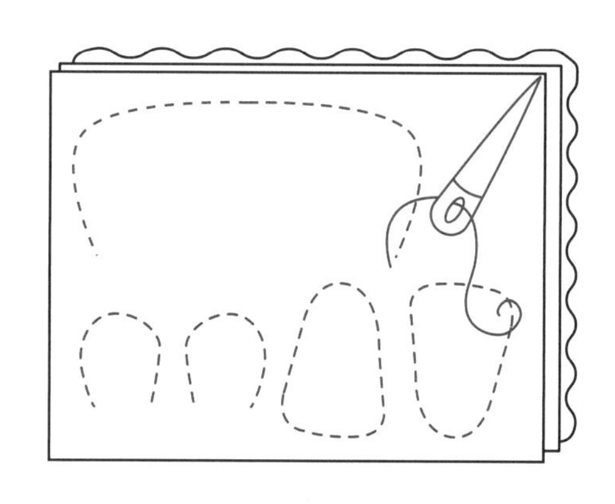

5 用不织布分别剪出眼白、黑眼珠、内耳，缝于河马脸部及耳朵的相应位置。

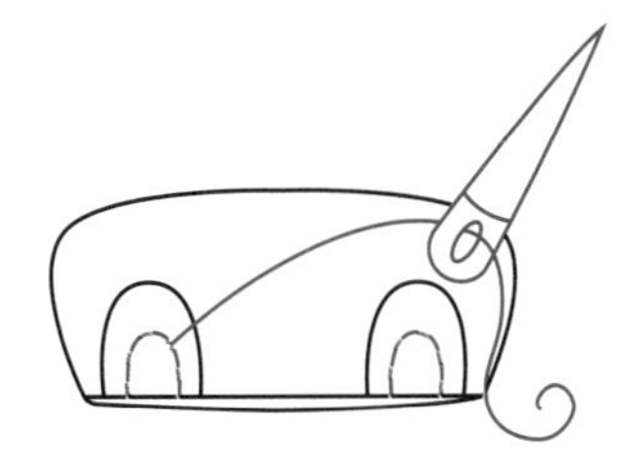

6 鼻子：两片布正面相对对齐，底部放置铺棉，沿着鼻子的轮廓，以回针缝缝合，外加缝份0.5 cm剪下。修剪铺棉并剪牙口，由任一面剪返口洞翻至正面。

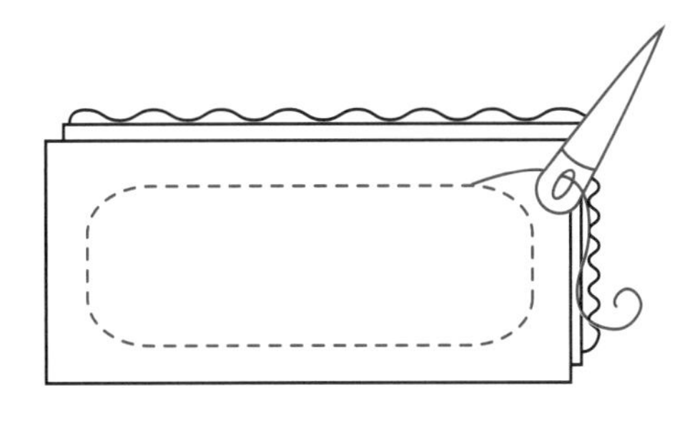

7 包身与底部以藏针缝缝合为如图的椭圆柱状。

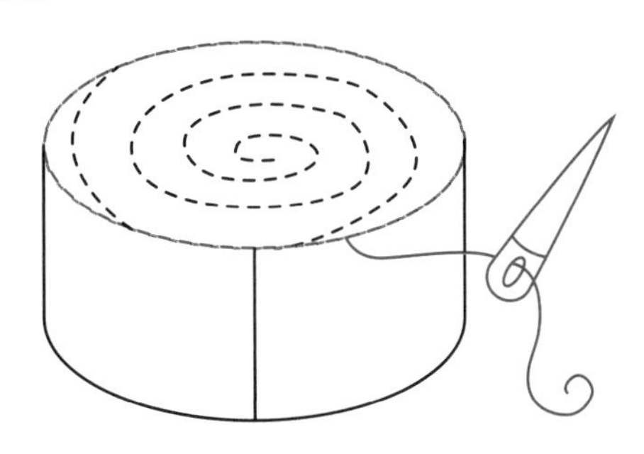

8 裁剪9 cm×14 cm的挡布两片。将一片挡布的左、右、下侧，分别往内折0.5 cm，重叠于步骤7制品的包身里布的接合处，以藏针缝缝合，上端缝份处放入上盖返口内，缝合。

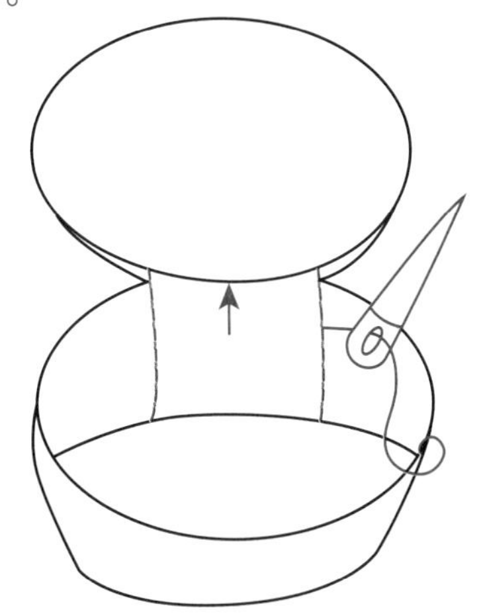

9 上盖与包身之间缝上拉链，将另一片挡布的左、右、上、下侧分别往内折0.5 cm后，以藏针缝缝于包身表布接合处，并对整个包身压线装饰。

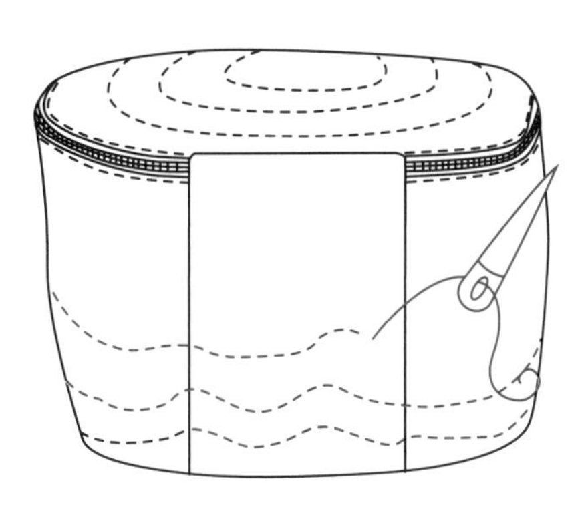

10 头部的各部位组合后，将头部、脚分别以藏针缝缝于包身表面挡布的上、下两侧即完成。

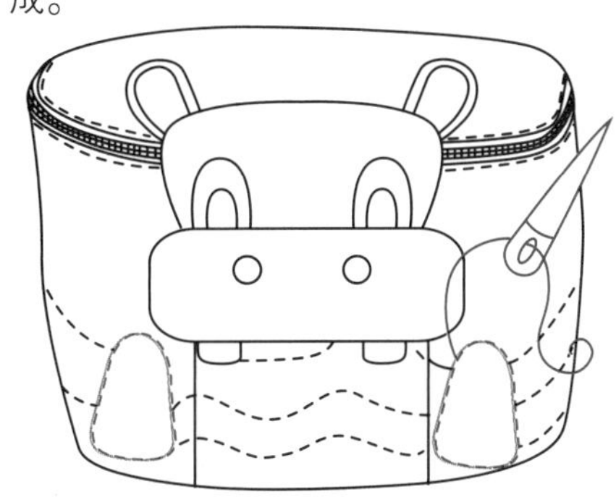

老虎斜背口金包 纸型A面 p.22

★ 材料

表布23 cm×28 cm
里布15 cm×28 cm
铺棉20 cm×28 cm
【各部位用布】
眼白4 cm×8 cm
黑眼珠4 cm×8 cm
鼻子6 cm×8 cm
鼻头4 cm×4 cm
腮部10 cm×10 cm
肚皮、内耳6 cm×10 cm
斑纹13 cm×14 cm
牙齿（白色不织布）2 cm×4 cm
绣线
链子120 cm
10 cm长的口金

★ 制作方法

1 在表布正面画上脸部的轮廓，于相应位置以贴布缝缝上眼睛、斑纹。

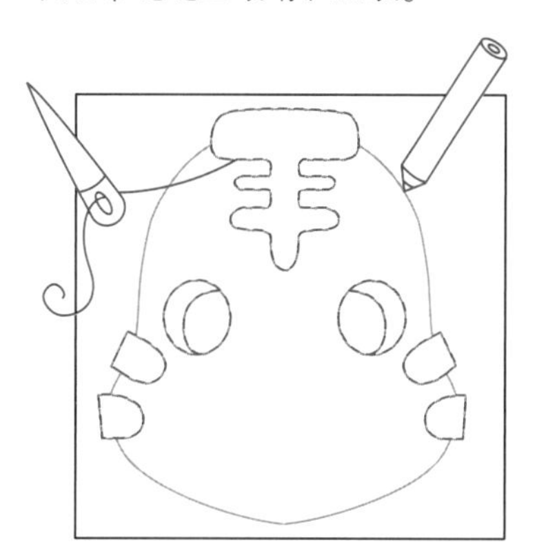

2 步骤1的制品外加缝份0.5 cm剪下，与同尺寸的里布正面相对对齐，底部放置铺棉，沿着轮廓以回针缝缝合，并留返口。

3 修剪铺棉并剪牙口，从返口处翻回正面后，返口以藏针缝缝合。以相同方法制作一片头后部，返口处缝合，备用。

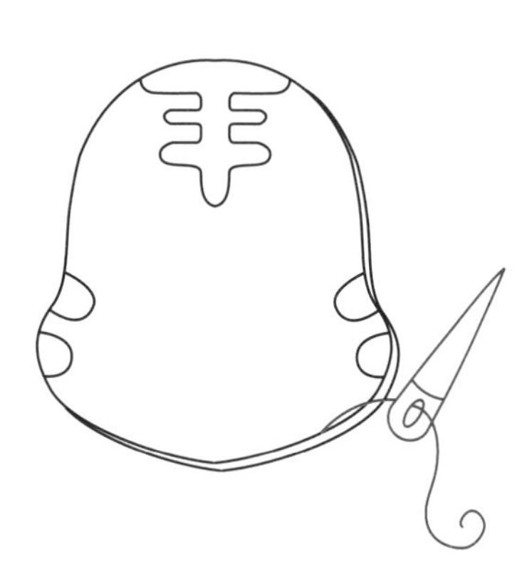

4 鼻子：同步骤1，鼻子用布A正面画上鼻子轮廓，将鼻头以藏针缝缝在相应位置上。

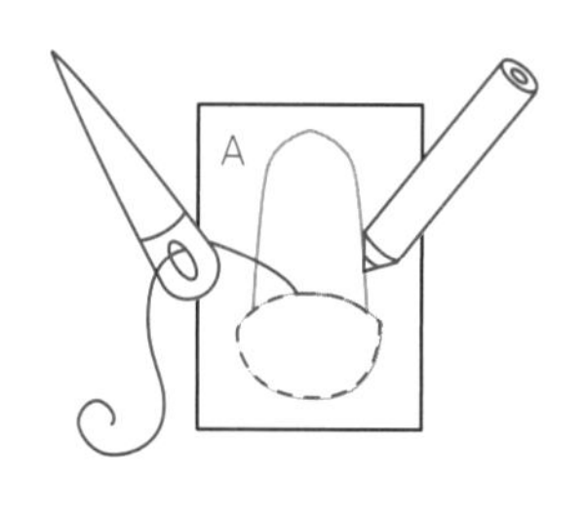

5 步骤4的制品外加缝份0.5 cm剪下，与同尺寸的鼻子用布B正面相对对齐，A底部放置铺棉，沿着轮廓以回针缝缝合，修剪铺棉并剪牙口，从B面剪返口洞，翻回正面，备用。

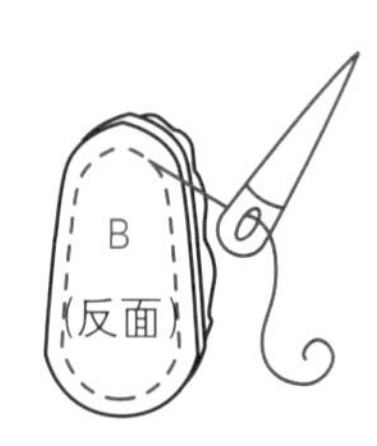

6 腮部：剪腮部用布两片，正面相对对齐，底部放置铺棉，沿着轮廓以回针缝缝合，同步骤5，修剪铺棉并剪牙口，从反面（此面作为腮部的背面）剪返口洞翻至正面。

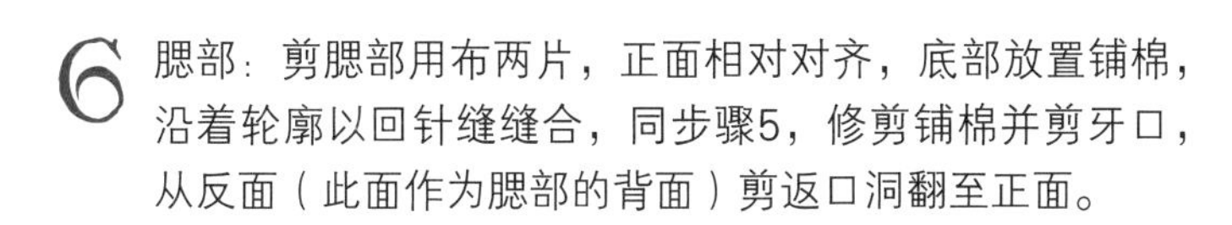

7 用不织布裁剪牙齿后，连同做好的鼻子、腮部，缝合于脸部正面。

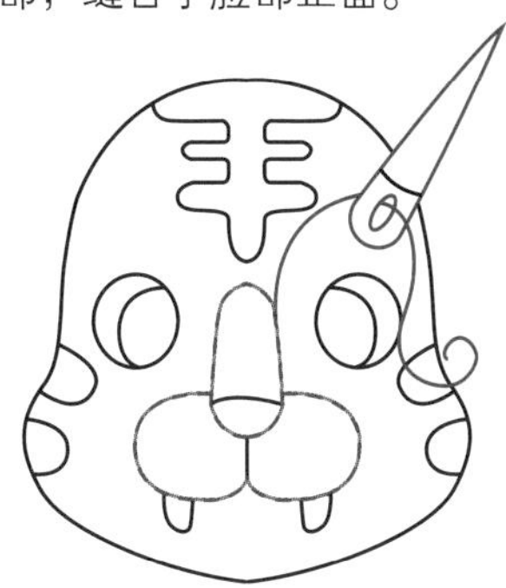

8 在脸部正面以结粒绣、轮廓绣进行装饰，如图。

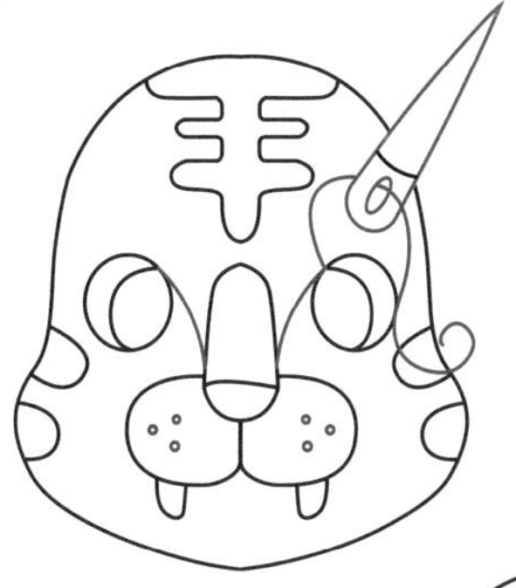

9 表布正面相对对折后，在反面画上耳朵、身体的轮廓，沿着轮廓以回针缝缝合，留返口。外加缝份0.5 cm剪下。剪牙口后从返口处翻回正面。

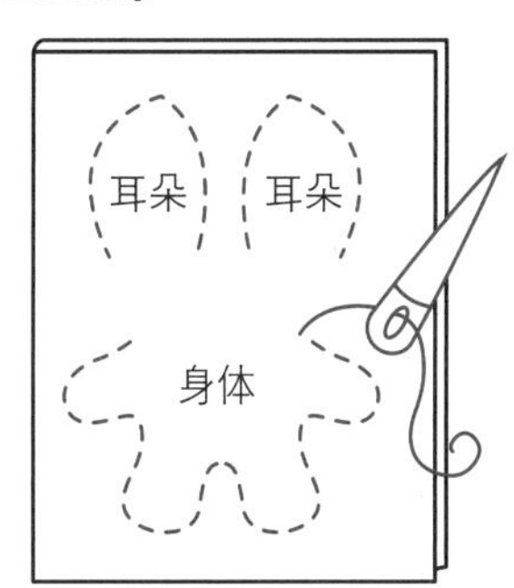

10 裁剪内耳、肚皮用布，分别以贴布缝缝于耳朵及身体正面。

11 在身体里面均匀塞入填充棉，以藏针缝将返口缝合。

12 将脸部、头后部背面相对对齐，耳朵及身体夹于两片布之间缝合，如图。

13 将口金缝合于包口即完成。

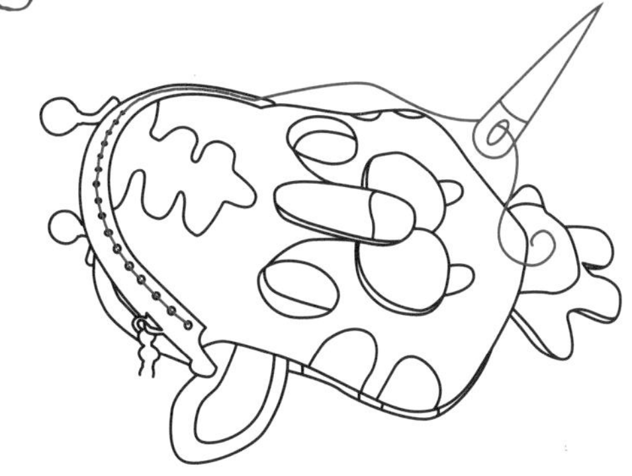

大眼熊折叠式随身包

纸型B面 p.18

★ 材料

表布41 cm×76 cm
里布41 cm×76 cm
【各部位用布】
熊头、四肢表布、里布各38 cm×39 cm
熊口鼻部9 cm×16 cm
熊内耳8 cm×8 cm
熊身体6 cm×36 cm
眼部（白色不织布）5 cm×20 cm
鼻头（咖啡色不织布）3 cm×6 cm
绣线
扣子4颗

※口袋做法请参考p.56。

★ 制作方法

1 依纸型剪出前、后片表布、里布。

2 表布、里布正面相对对齐，边缘以回针缝缝合，并留返口。

3 剪牙口，从返口处翻回正面，提手处以藏针缝缝合。

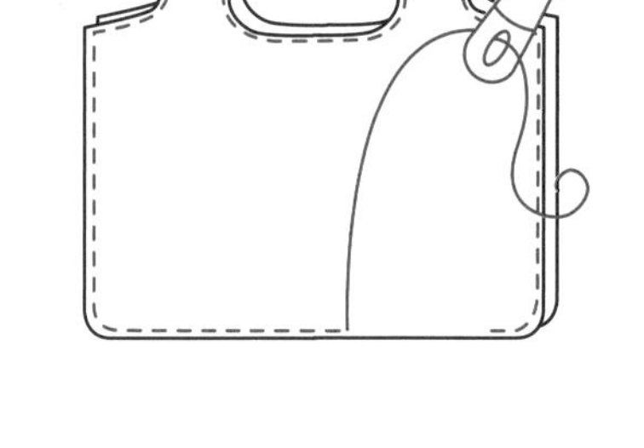

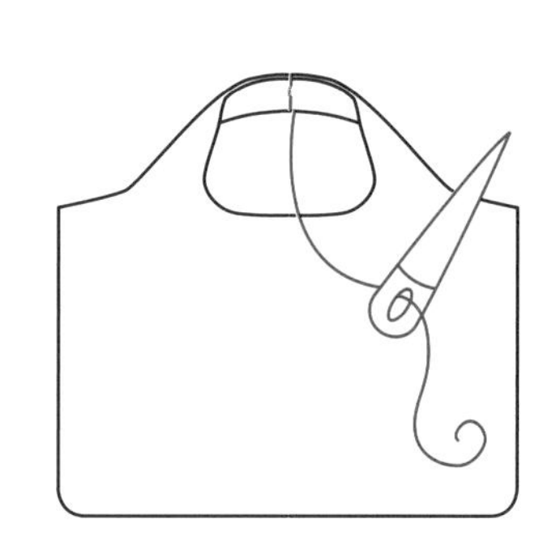

4 以相同做法完成后片。将前、后片背面相对对齐，侧边以藏针缝缝合。

5 口袋请参考p.56制作。

6 眼部、鼻头：用不织布剪出眼部、鼻头，以平针缝缝合，眼部缝上扣子，并绣出嘴巴，即完成。

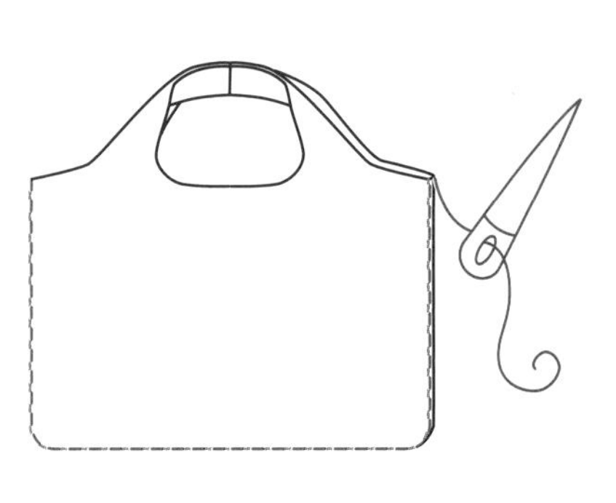

鳄鱼笔袋

纸型B面 p.26

★ 材料

表布28 cm×34 cm	鳄鱼眼白4 cm×8 cm
里布22 cm×28 cm	鳄鱼黑眼珠4 cm×8 cm
铺棉28 cm×28 cm	牙齿（白色不织布）3 cm×5 cm
【各部位用布】	绣线
肚皮6 cm×19 cm	17.8 cm长的拉链1条

★ 制作方法

1 表布反面画出鳄鱼前、后片及腿部的轮廓。前片布挖出眼睛洞，缝上眼白、黑眼珠，并于肚子位置以贴布缝缝上肚皮。

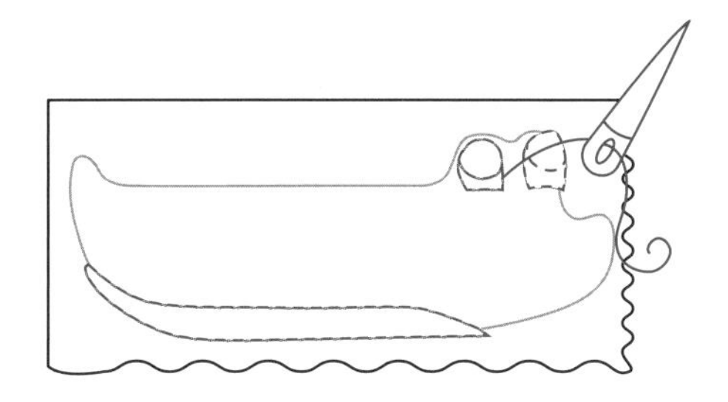

2 外加缝份0.5 cm剪下，与同尺寸的里布正面相对对齐，底部放置铺棉，沿着轮廓以回针缝缝合，留返口。修剪铺棉并剪牙口，从返口处翻回正面，缝合返口。以相同做法完成后片及腿部，备用。

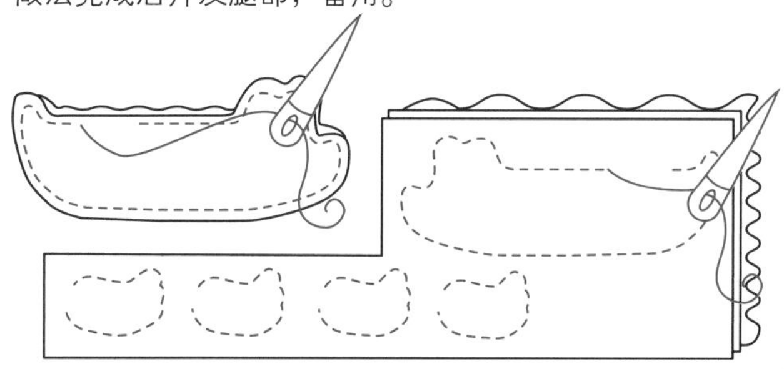

3 用不织布剪出鳄鱼牙齿，将牙齿粘在前片的牙齿位置。

4 在前片的脸部，绣上眼睛反光点、鼻孔及嘴巴。

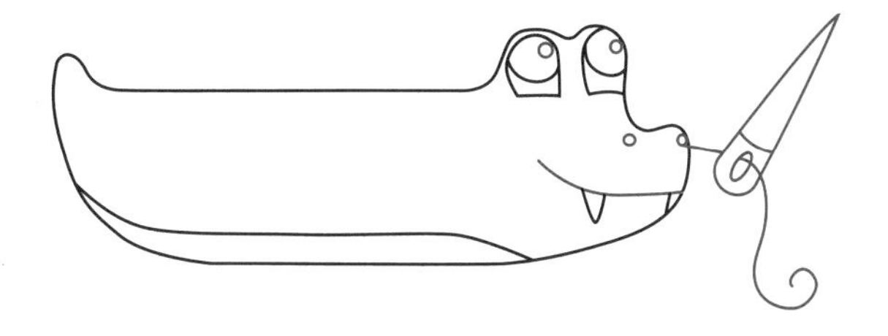

5 步骤4的制品与后片对齐，边缘缝合，袋口缝上拉链。

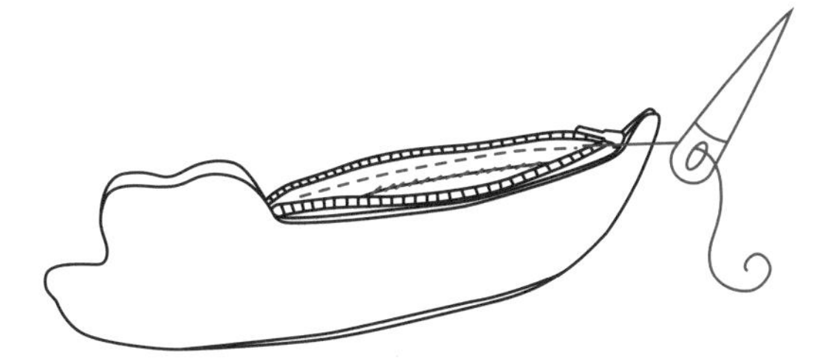

6 分别将腿以藏针缝缝于身侧即完成。

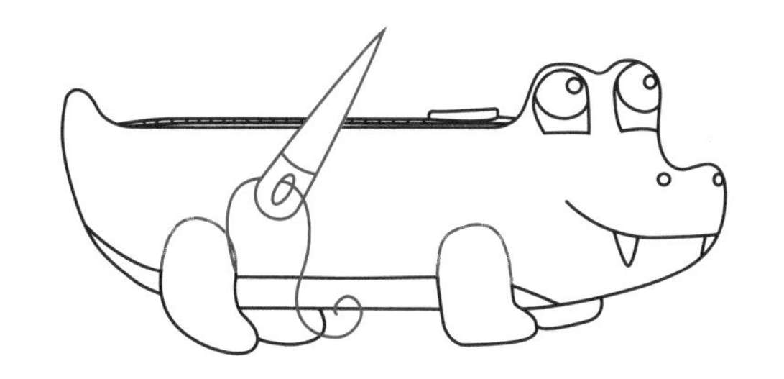

大嘴蛙面纸包

纸型B面 p.27

★ 材料

表布13 cm×20 cm
里布13 cm×20 cm
铺棉13 cm×20 cm
【各部位用布】
眼睛（绿色素布）10 cm×12 cm
肚皮5 cm×9 cm
眼白（白色不织布）4 cm×8 cm
胳膊、腿（浅绿色不织布）8 cm×15 cm
王冠（明黄色不织布）4 cm×8 cm
嘴巴（红色不织布）6 cm×13 cm
绣线

★ 制作方法

1 裁剪表布、里布、铺棉各13 cm×20 cm，表布、里布正面相对对齐，底部放置铺棉，边缘以回针缝缝合，并留返口。

2 修剪铺棉并剪牙口，从返口处翻回正面，缝合返口。如图折叠，两侧以藏针缝缝合。

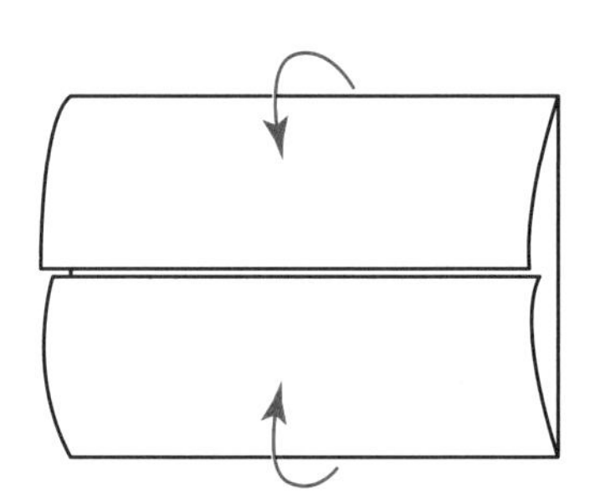

3 眼睛部分取两片绿色素布正面相对对齐，表布反面画上眼睛的轮廓，沿着轮廓以回针缝缝合，并留返口。

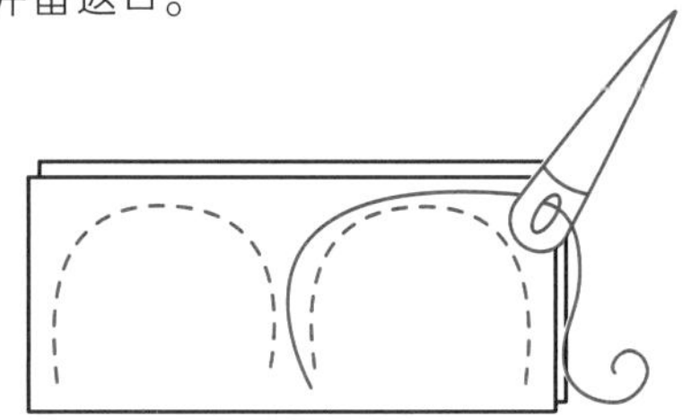

4 外加缝份0.5 cm剪下，剪牙口，从返口处翻回正面，以锁边绣固定不织布眼白部位，并于眼白正面绣上眼睛纹路。

5 用各色不织布，分别剪出图中各部位（为加强硬度，王冠及腿部分别多剪一片，各共两片）。

6 将两片腿重叠，沿着边缘压线（可以是平针缝或是锁边绣）。以相同做法制作另一条腿及王冠。

7 在步骤2制品的中间交界处，分别以锁边绣固定上、下嘴唇；下侧以贴布缝缝上肚皮部分。

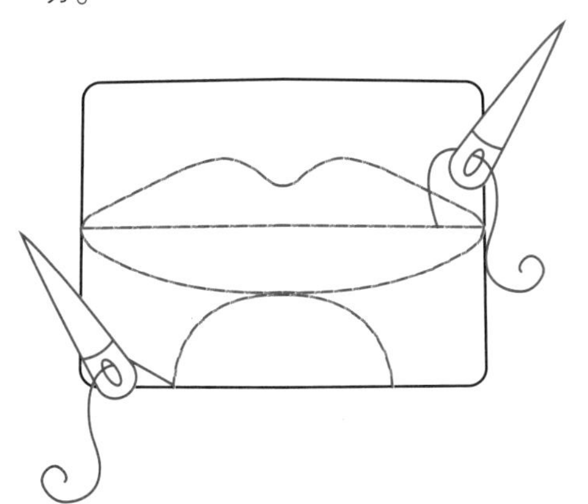

8 在面纸包左、右两侧下端缝上步骤6做好的左、右两腿后，在下半部分缝上胳膊。

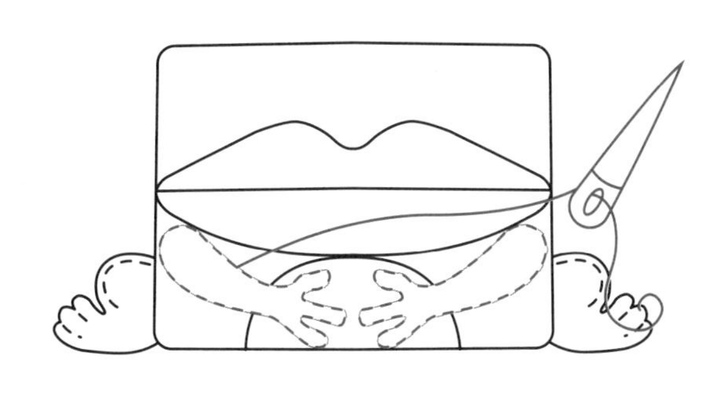

9 最后将眼睛及王冠置于上端，以藏针缝缝合，绣上鼻孔即完成。

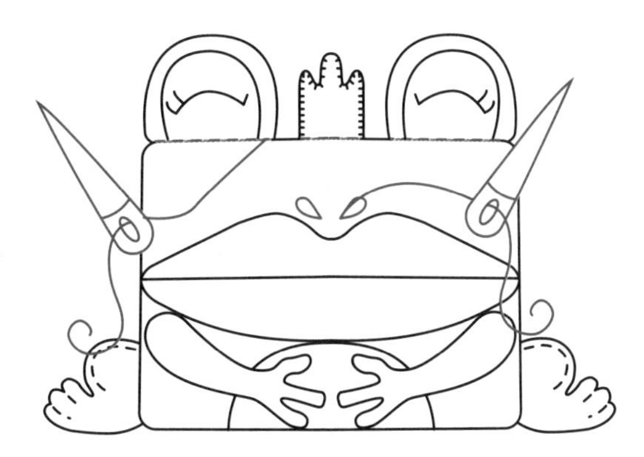

猴仔斜背包

纸型A面 p.28

★ 材料

表布55 cm×65 cm	香蕉外皮（黄色不织布）7 cm×8 cm
里布44 cm×55 cm	香蕉内皮（浅黄咖啡色不织布）6 cm×7 cm
铺棉42 cm×64 cm	绣线
【各部位用布】	27.8 cm长的拉链1条
脸、内耳（浅黄色）13 cm×14 cm	暗扣1对
猴子衣服11 cm×15 cm	肩带1根
香蕉（浅肤色不织布）5 cm×5 cm	D形环2个

★ 制作方法

1 在16 cm×30 cm的表布正面以水消笔画出包身轮廓。

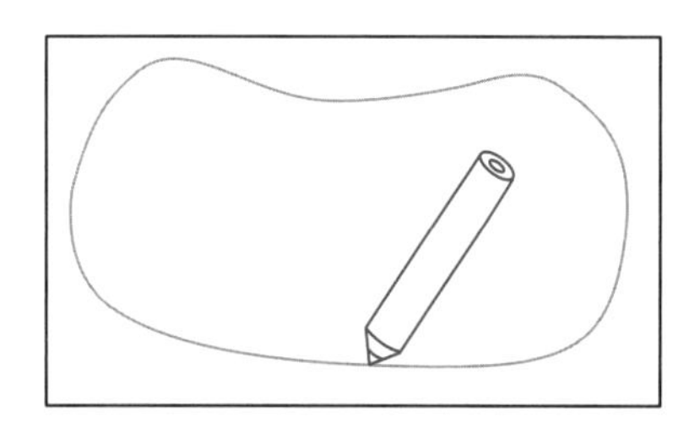

2 在包身轮廓内，以贴布缝缝上脸部及衣服，如图。

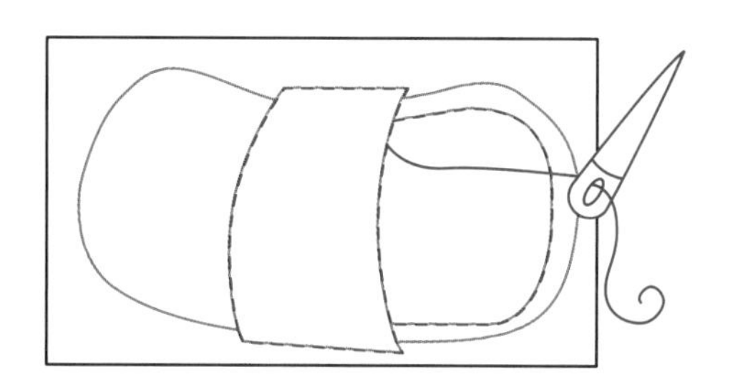

3 外加缝份0.5 cm剪下，与同尺寸的里布正面相对对齐，底部放置铺棉，沿轮廓以回针缝缝合，并留返口。修剪铺棉并剪牙口，从返口处翻回正面，缝合返口备用。再制作同尺寸的后片包身。

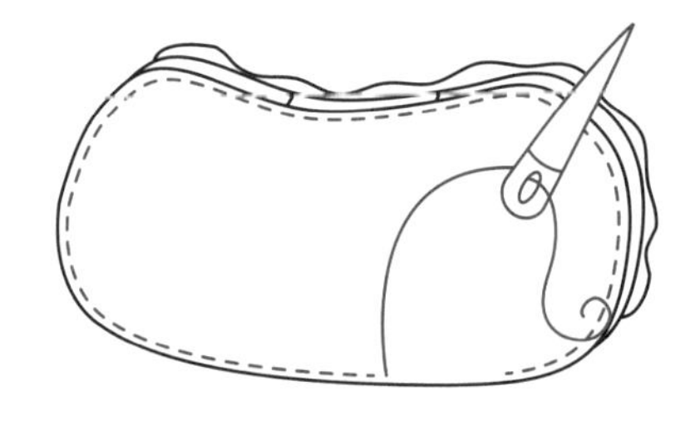

4 裁剪侧身布7 cm×55 cm，表布、里布正面相对对齐，底部放置铺棉，上、下侧以回针缝缝合，修剪铺棉并剪牙口，翻至正面。

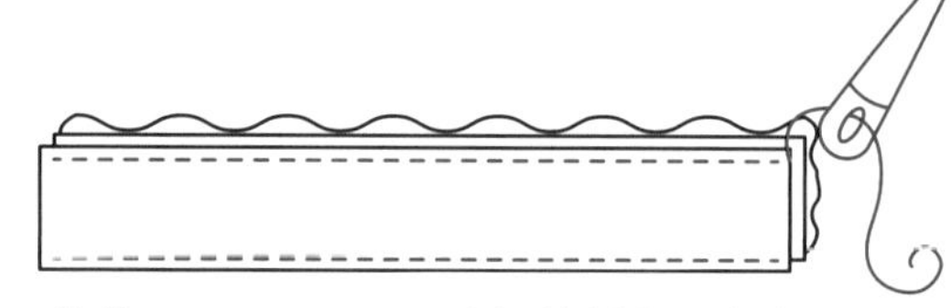

5 裁剪4.5 cm×25 cm的拉链侧布，表布、里布正面相对对齐，底部放置铺棉，以步骤4的方法制作，完成两条。

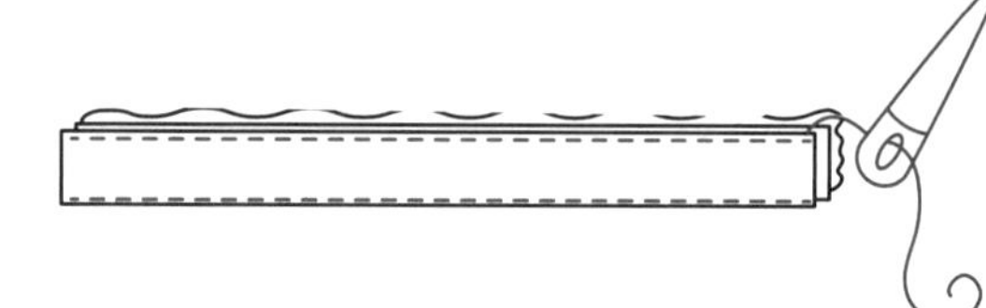

6 在约27.8 cm长的拉链两侧分别缝上做好的拉链侧布。

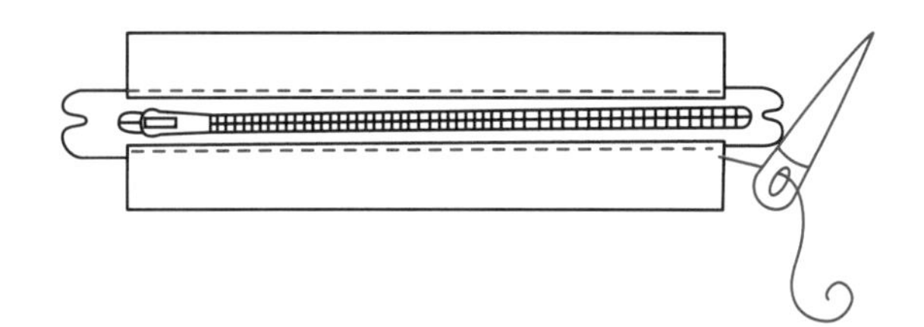

7 将4 cm×5.5 cm的表布、里布正面相对对齐，上、下侧以回针缝缝合，从返口处翻回正面，穿入D形环，完成两个。

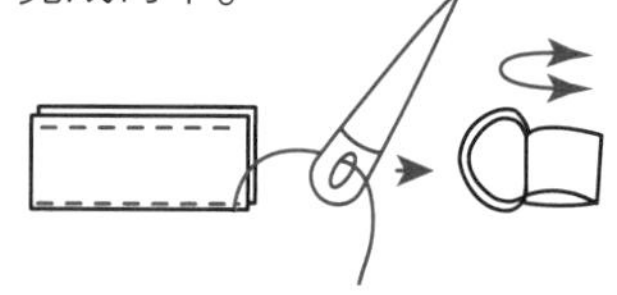

8 将组合好的D形环稍固定于步骤6制品的两端，与步骤4的制品接合为环状，备用。

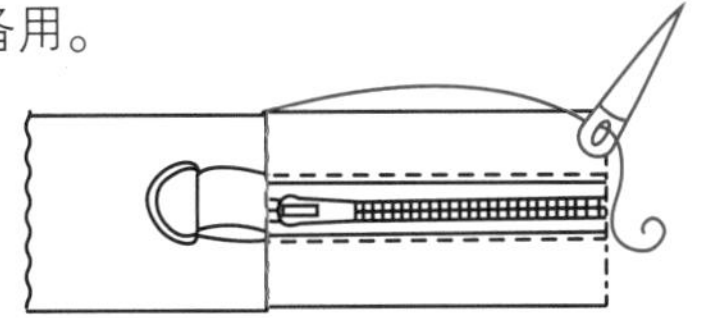

9 表布反面画上胳膊、耳朵、嘴部、尾巴各部位。表布、里布正面相对对齐，底部放置铺棉，沿着各部位的轮廓以回针缝缝合，留返口。

10 分别将步骤9中的各部位外加缝份0.5 cm剪下，修剪铺棉并剪牙口，从返口处翻回正面，缝合返口（耳朵先不缝合）。猴子耳朵：剪内耳用布，以贴布缝缝于耳朵正面后，返口处缝合。

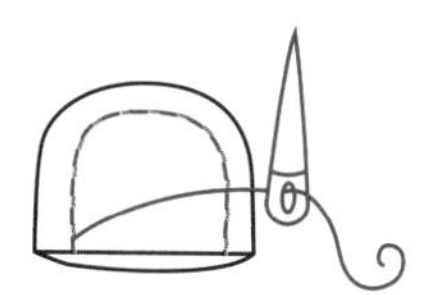

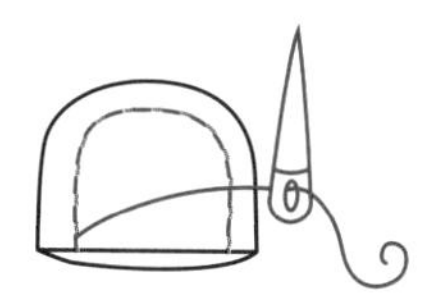

11 将耳朵、一条胳膊稍固定于前片包身背面后，将步骤8做好的侧身沿着包身边缘定位，以藏针缝缝合一圈。

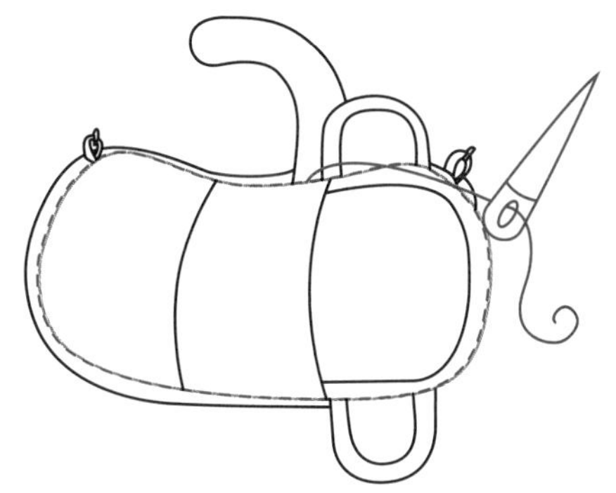

12 后片包身与侧身定位后，在后片包身与侧身之间夹入另一条胳膊，整圈以藏针缝缝合固定，如图。

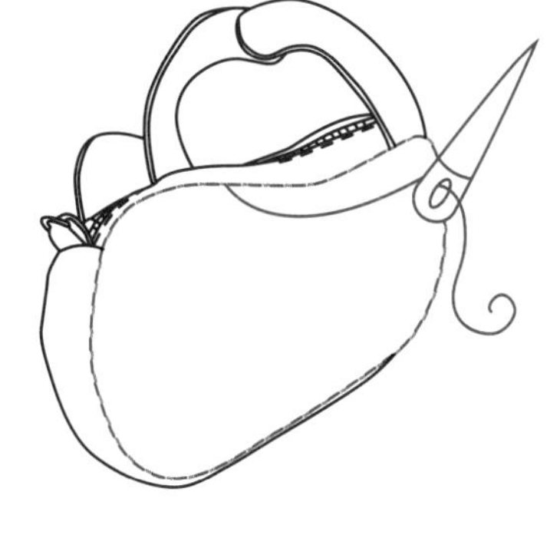

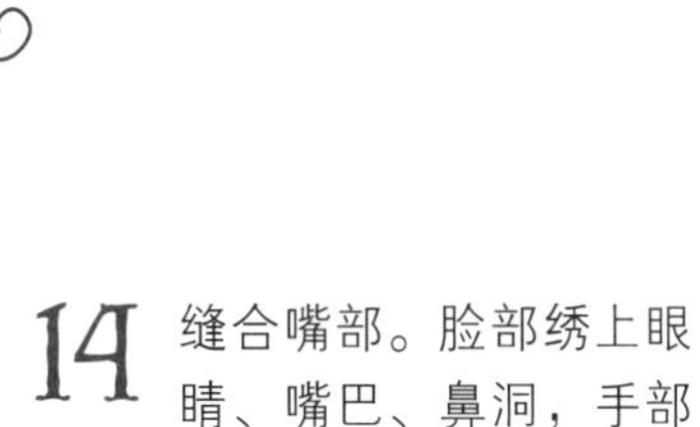

13 用不织布剪出香蕉后，置于尾巴环内，整个放在前片包身的预定位置后，缝合固定。

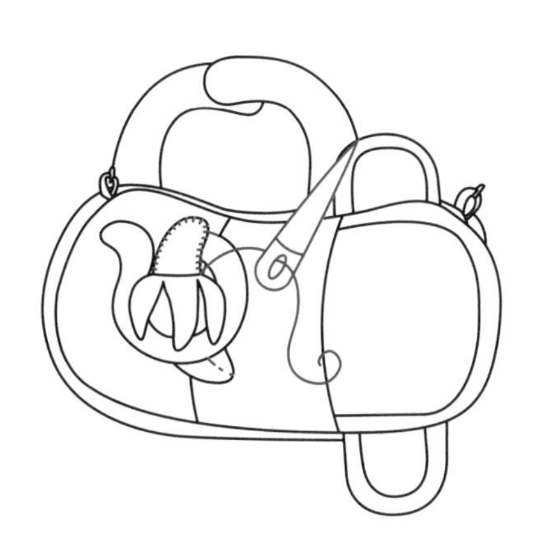

14 缝合嘴部。脸部绣上眼睛、嘴巴、鼻洞，手部绣上纹路。

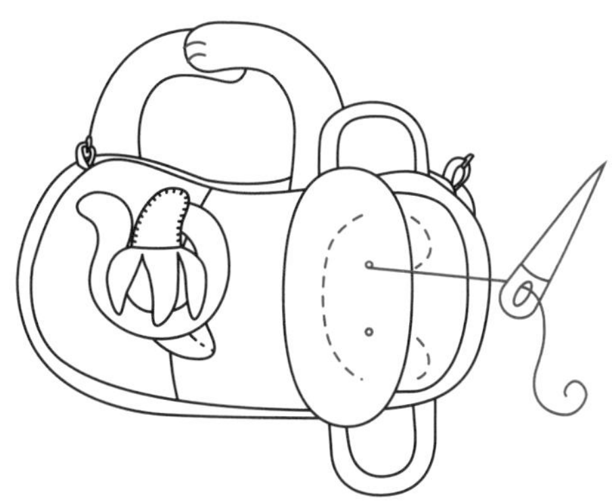

15 在两手前端重叠的相对位置，缝上暗扣，D形环扣上肩带即完成。

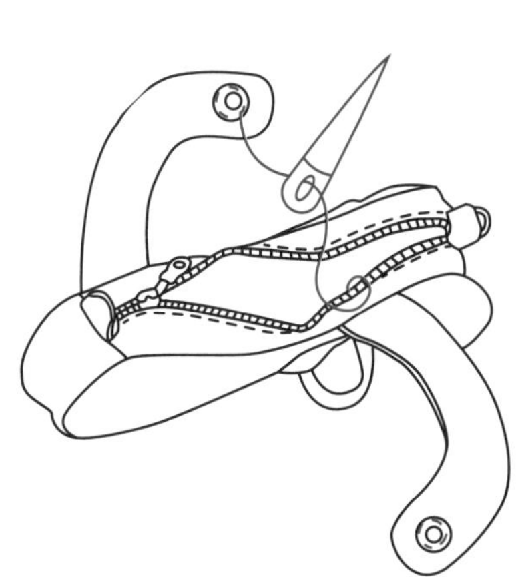

大象针线包

纸型A面 p.30

★ 材料

条纹表布22 cm×44 cm
里布22 cm×33 cm
衬布22 cm×44 cm
铺棉47 cm×65 cm
【各部位用布】
耳朵、鼻子（绿色素布）22 cm×32 cm
针插10 cm×13 cm
剪刀插14 cm×14 cm
尺插7 cm×24 cm
分隔袋13 cm×18 cm
填充棉
扣子2颗
白色压克力颜料
画笔
50 cm长的拉链1条
暗扣1对

★ 制作方法

1 剪刀插用布正面相对对齐，底部放置铺棉，于表布反面画上大、小剪刀插的轮廓，以回针缝缝合，并留返口。

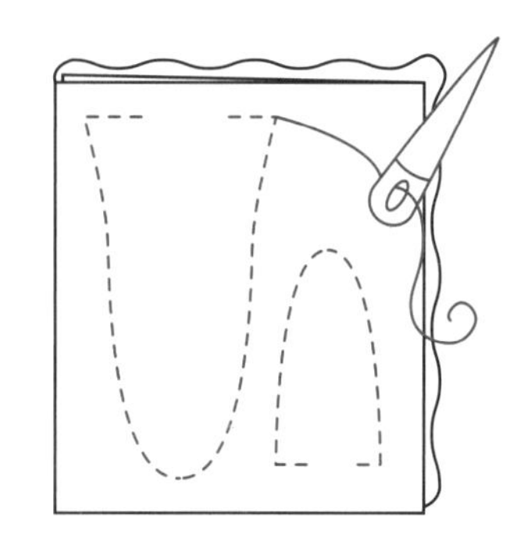

2 外加缝份0.5 cm剪下，修剪铺棉并剪牙口，从返口处翻回正面，并以藏针缝缝合返口。将小剪刀插侧边固定于大剪刀插尖端，正面绣上剪刀装饰图纹，如图。

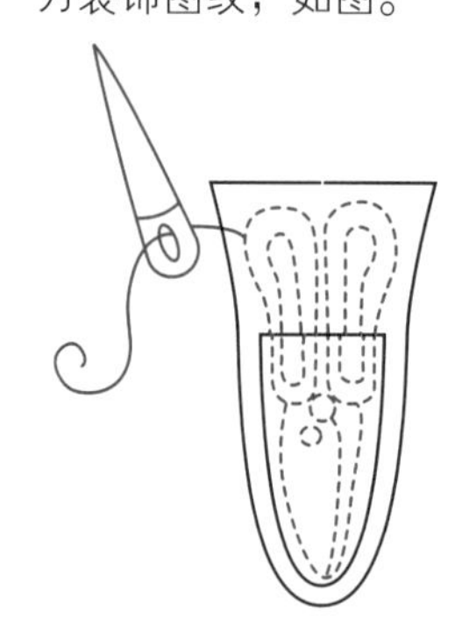

3 步骤1的剩布剪3 cm×7 cm的长条，四边往内折0.3 cm后，反面相对对折，三边以平针缝压线，备用。

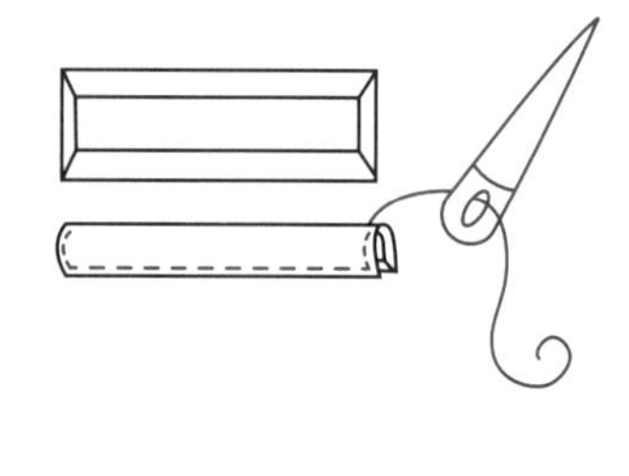

4 条纹表布与衬布正面相对对齐，底部放置铺棉，在表布反面画出针线包、口袋及袋盖，以回针缝缝合并留返口，同步骤2做法，各自修剪铺棉并剪牙口，从返口处翻回正面，以藏针缝缝合返口，备用。

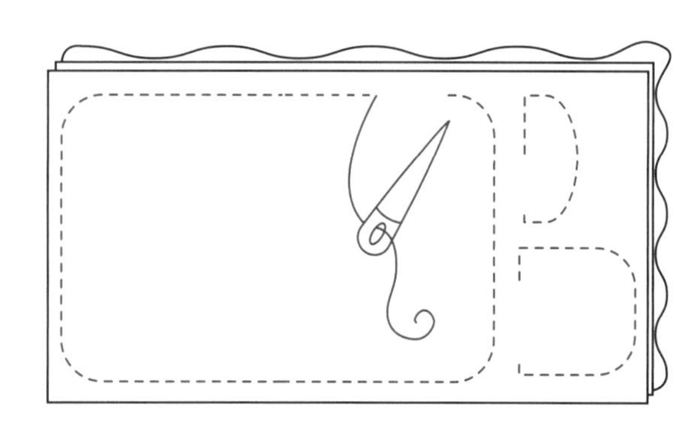

5 绿色素布正面相对对齐，底部放置铺棉，如图缝出耳朵及鼻子后，外加缝份0.5 cm剪下，修剪铺棉并剪牙口。任一面剪返口洞翻回正面。返口洞开在与针线包表布重叠的位置。缝合返口。

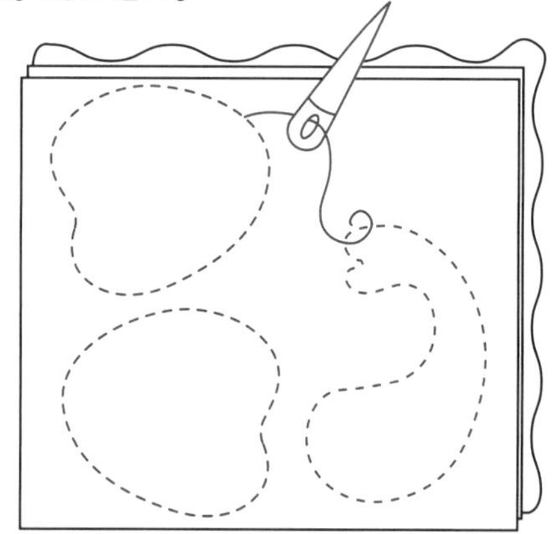

6 如图将针插、尺插、分隔袋各片布分别正面相对对齐，如图缝合，从返口处翻回正面，备用。

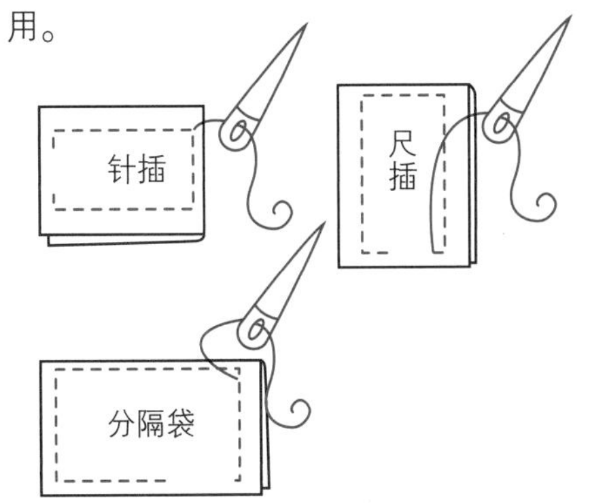

7 从针插返口处塞入填充棉，呈现厚实状后，返口处以藏针缝缝合固定。

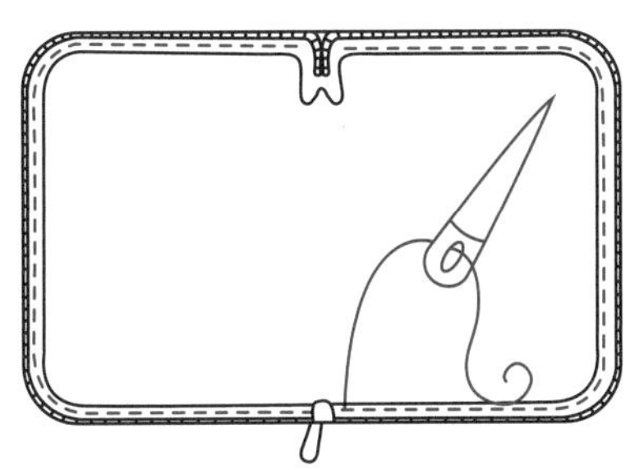

8 在步骤4做好的针线包的衬布的轮廓线内，缝合拉链，如图。

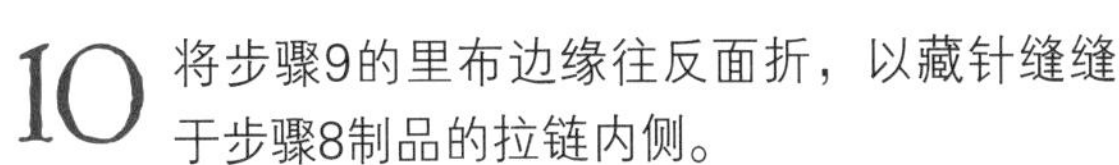

9 取22 cm×33 cm的里布，各部位以藏针缝缝合于相应位置，如图，并在分隔袋上压出分格线。

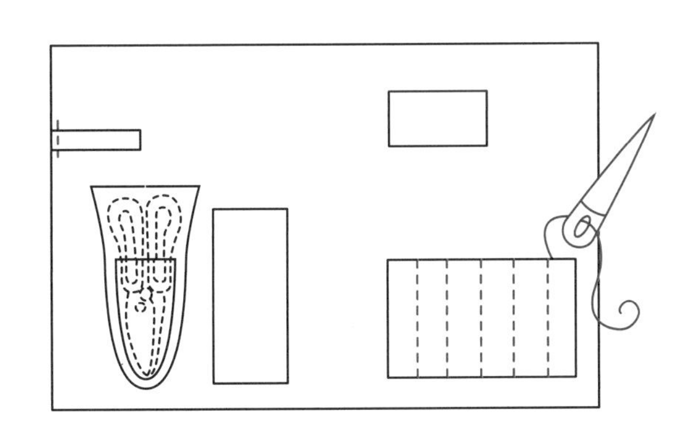

10 将步骤9的里布边缘往反面折，以藏针缝缝于步骤8制品的拉链内侧。

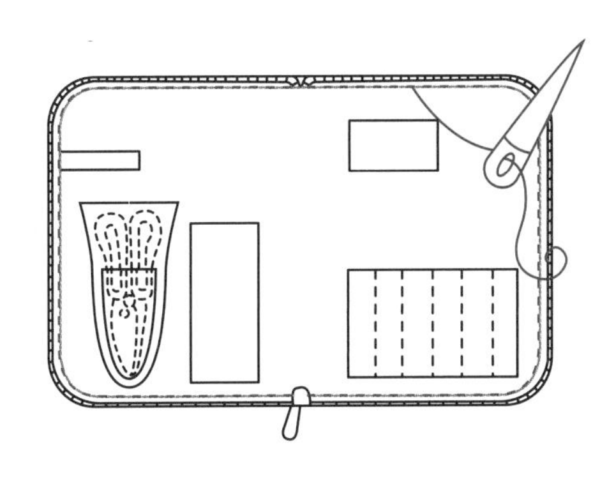

11 将步骤10的制品对折合上，将耳朵（剪返口洞的面为背面）、鼻子、扣子（眼睛）缝于包身的对应位置，如图，最后绣出腮红和鼻子上的装饰线。

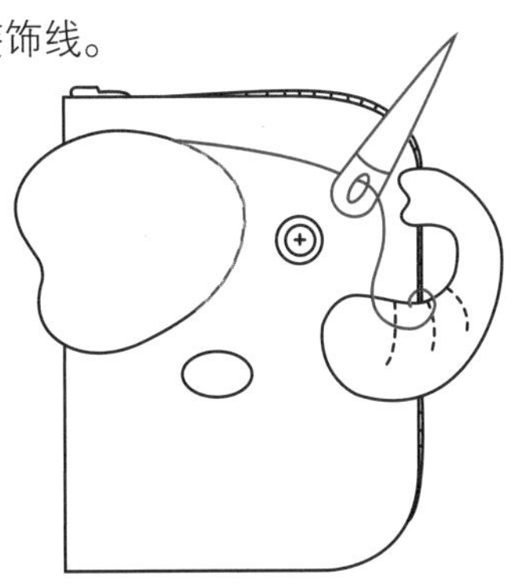

12 另一面缝上另一只耳朵（剪返口洞的面为背面）及口袋、袋盖，并于袋口与袋盖的相对位置，缝上暗扣。用画笔在耳朵上点出白色圆点作为装饰。完成。

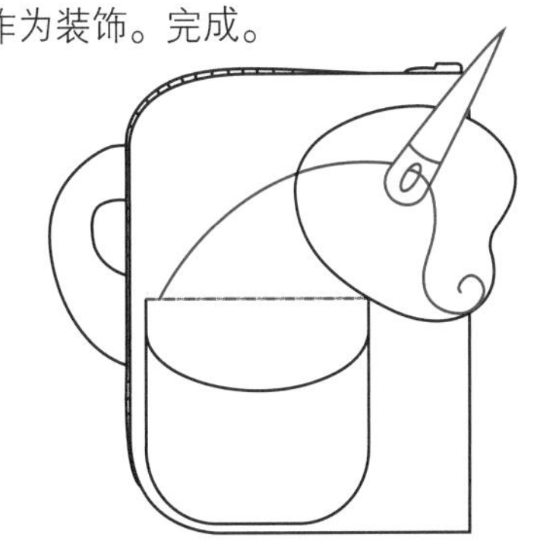

羊咩咩长夹

纸型A面 p.32

★ 材料

表布27 cm×30 cm	填充棉
里布23 cm×151 cm	绣线
【各部位用布】	22.8 cm长的拉链1条
羊脸（亚麻布）8 cm×9 cm	眼睛用圆珠1颗
羊角（咖啡色素布）14 cm×14 cm	

★ 制作方法

1 口袋布A：折为如图尺寸的阶梯式口袋状，备用。

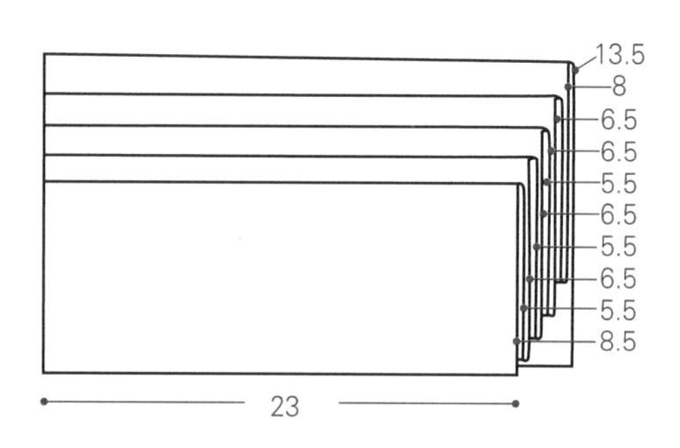

※图中表示尺寸的数字的单位均为厘米（cm）。

2 口袋布B：同步骤1的方法折阶梯式口袋状，备用。

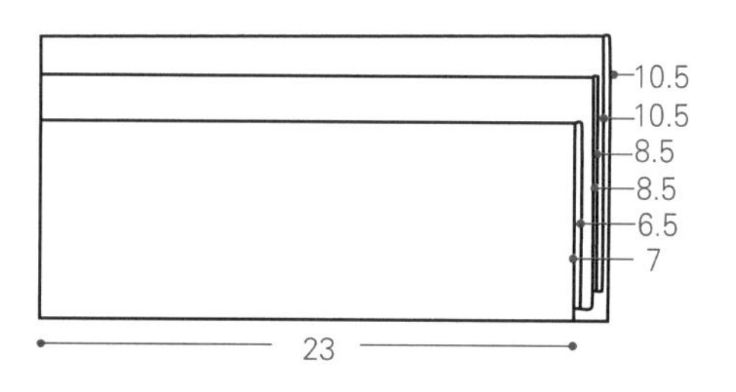

3 将口袋布A、B各自压口袋线后，分别置于拉链左、右侧，以平针缝压线。

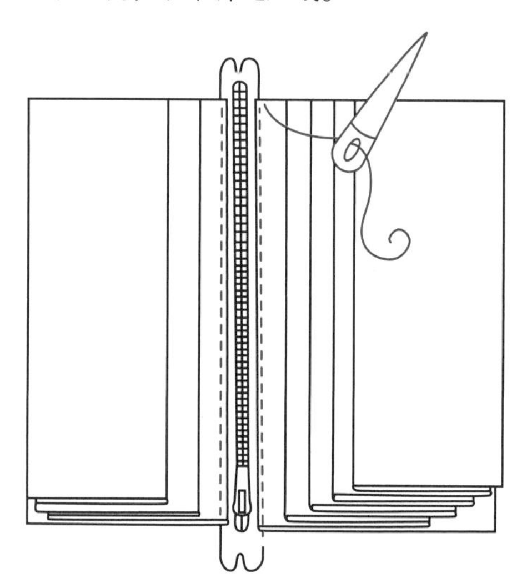

4 羊脸：两片布正面相对对齐，表布反面画上羊脸轮廓，以回针缝缝合，并留返口。外加缝份0.5 cm剪下。剪牙口，从返口处翻回正面，缝合返口。

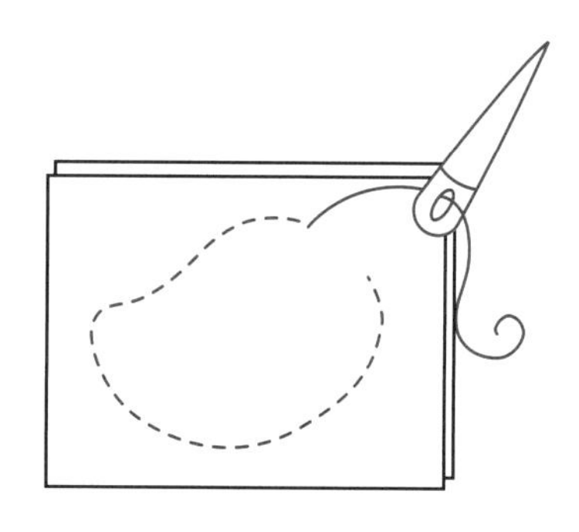

5 羊角：咖啡色素布两片正面相对对齐，表布反面画羊角轮廓，以回针缝缝合，留返口。

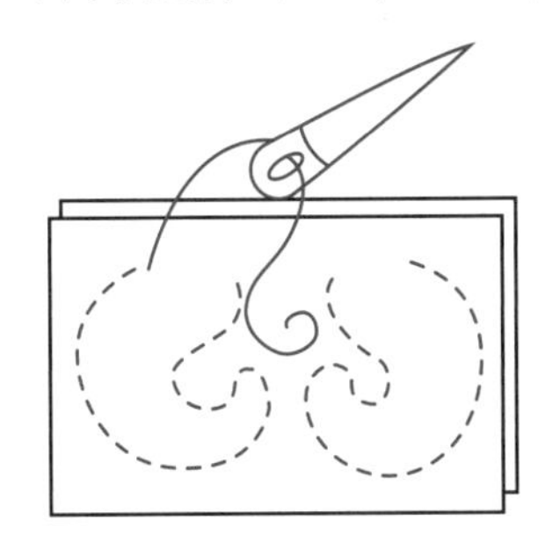

6 外加缝份0.5 cm剪下。剪牙口，从返口处翻回正面，塞入填充棉后，将返口缝合。

7 如图，各部位以藏针缝缝于长夹表布正面后，缝合眼睛用圆珠，绣上鼻子、嘴巴。另裁剪一片短径6 cm、长径8 cm的椭圆形表布，缝于头顶处作为羊的头发。

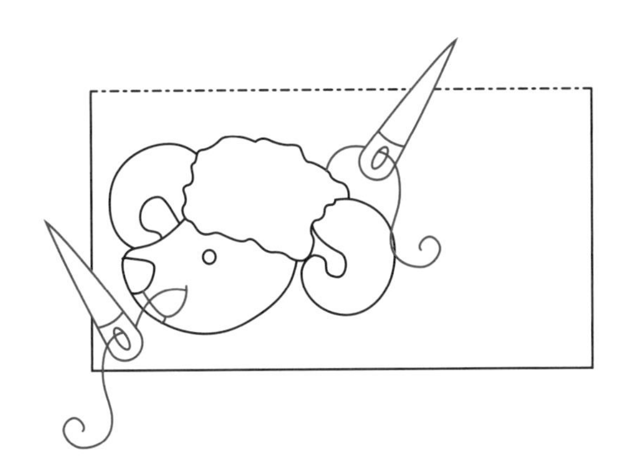

8 步骤3制品的底部放置23 cm×27 cm的里布后，四边疏缝固定。

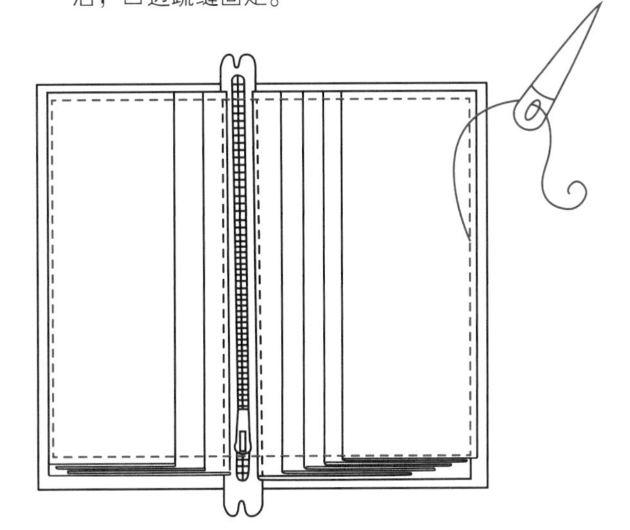

9 步骤7与8的制品正面相对对齐，边缘以回针缝缝合，并留返口。

10 剪牙口，从返口处翻回正面，返口处以藏针缝缝合即完成。

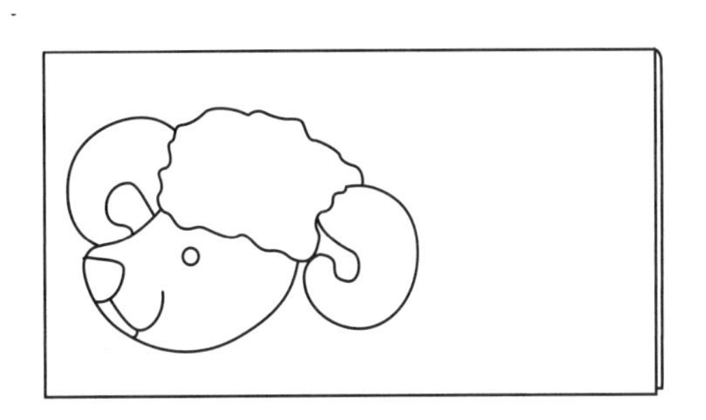

乳牛侧背包

纸型A面 p.34

★ 材料

素色表布45 cm×60 cm	绣线
铺棉45 cm×70 cm	眼睛用扣子2颗
点点里布45 cm×82 cm	磁扣2对
【各部位用布】	12.9 cm长的拉链1条
牛斑纹（格纹布）24 cm×33 cm	黑色皮提手55 cm长1条
白色不织布3 cm×4 cm	

★ 制作方法

1 表布与里布正面相对对齐，底部放置铺棉，表布反面画上前片、后片、口袋、侧身、牛脚等各部位，以回针缝缝合，并留返口。

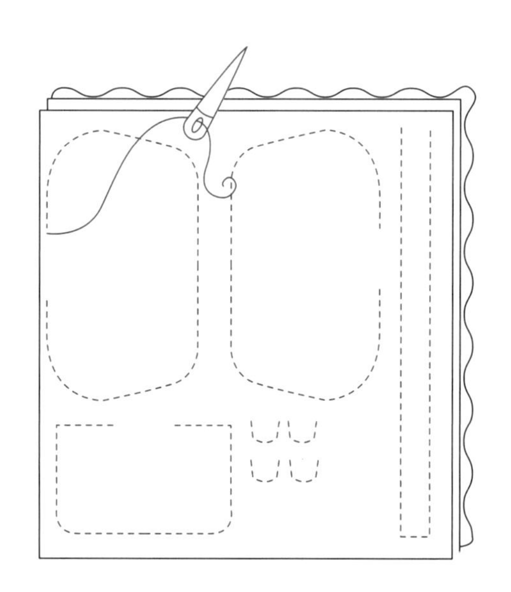

2 各部位外加缝份0.5 cm剪下。修剪铺棉并剪牙口，从返口处翻回正面，缝合返口。将牛脚置于前片底部与侧身之间，前片与侧身以藏针缝缝合，如图。后片与侧身也以藏针缝缝合。

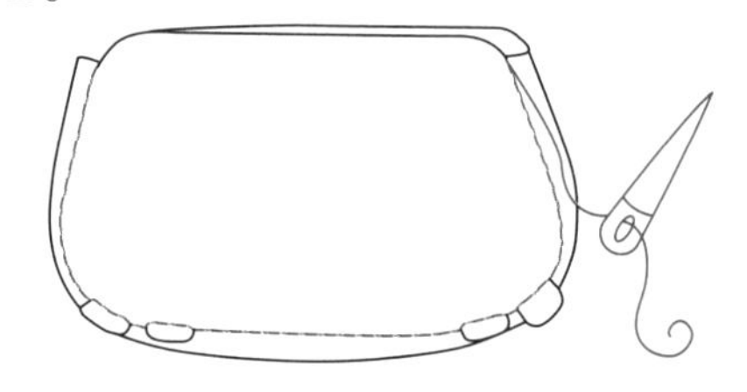

3 口袋除袋口外的三边以藏针缝缝于前片正面。

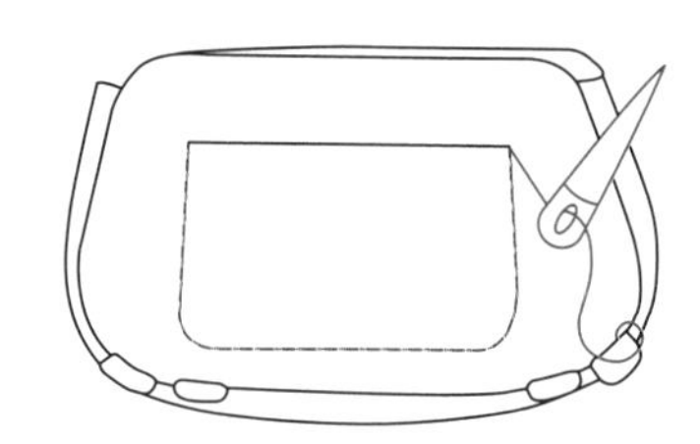

4 牛斑纹上盖部分：格纹表布与点点里布正面相对对齐，底部放置铺棉，表布反面画出上盖轮廓，沿着轮廓以回针缝缝合，并留返口。

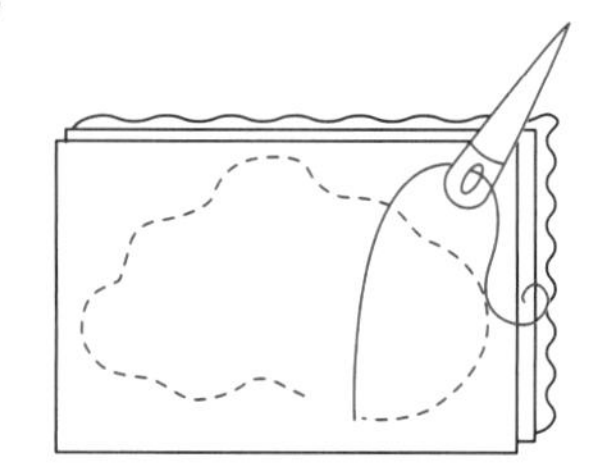

5 牛斑纹：格纹表布与点点里布正面相对对齐，表布反面画出斑纹形，以回针缝缝合，外加缝份0.5 cm剪下，剪牙口。从里布侧剪出返口洞，从返口处翻至正面，缝合返口。

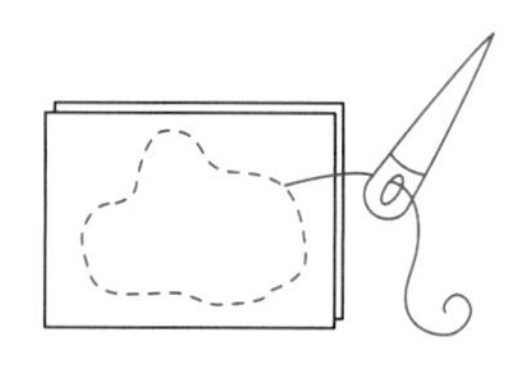

6 将步骤5的牛斑纹边缘以藏针缝缝于前片正面作为装饰。

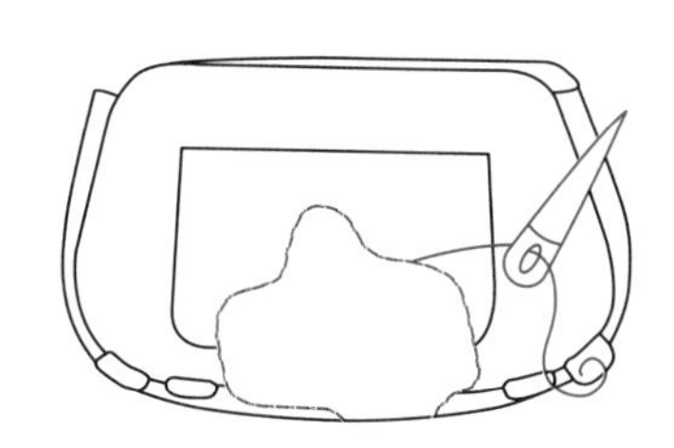

7 上盖部分外加缝份0.5 cm剪下，修剪铺棉并剪牙口，从返口处翻回正面，缝合返口，以藏针缝固定于后片上端。

8 牛头零钱包前片表布：如图将三款配色布以藏针缝缝合。

9 步骤8的表布与同尺寸的里布正面相对对齐，底部放置铺棉，沿着牛头的轮廓以回针缝缝合，留返口。外加缝份0.5 cm剪下，修剪铺棉并剪牙口，从返口处翻回正面。缝合返口。

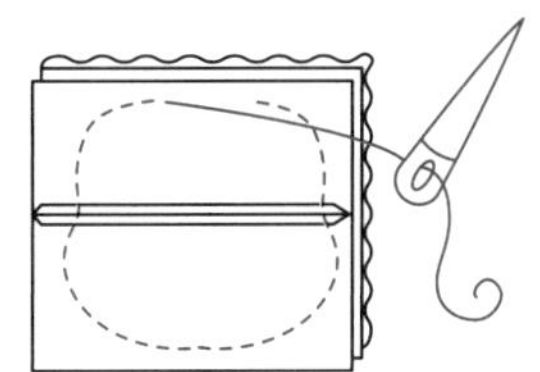

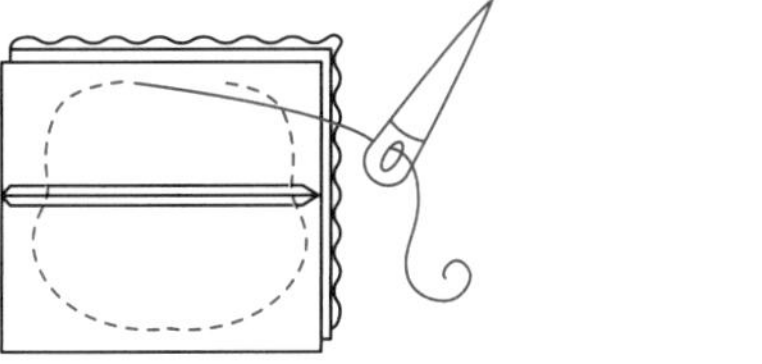

10 牛头零钱包后片：后片表、里布正面相对对齐，底部放置铺棉，沿着牛头的轮廓以回针缝缝合，并留返口。外加缝份0.5 cm剪下，修剪铺棉并剪牙口，从返口处翻回正面。缝合返口。

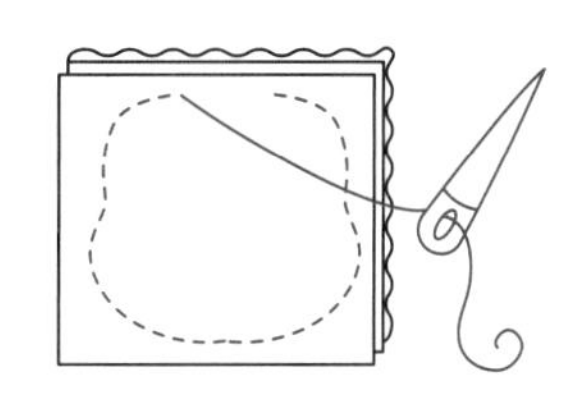

11 牛耳朵：两片布正面相对对齐，底部放置铺棉，沿着牛耳朵的轮廓以回针缝缝合，留返口。外加缝份0.5 cm剪下，修剪铺棉并剪牙口，从返口处翻回正面，缝上内耳。
牛角：用不织布剪出牛角，备用。

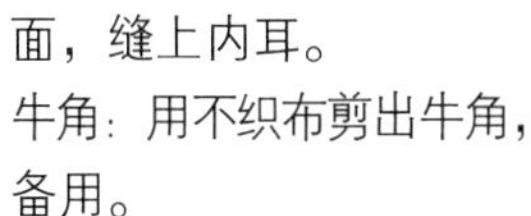

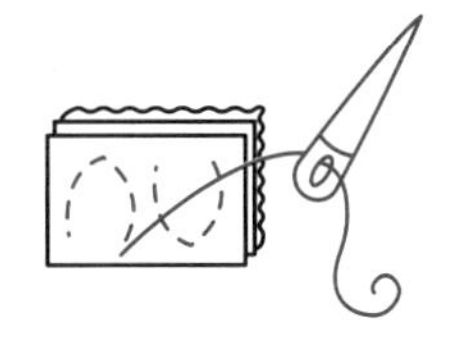

12 将牛耳朵、牛角固定于零钱包前片上端，与后片侧边缝合，并于开口处缝上拉链。缝合眼睛用扣子。

13 零钱包背面缝上磁扣，于侧背包前片上端相对位置，缝上另一面磁扣。侧背包上盖与相对位置也缝上磁扣后，两侧缝合提手即完成。

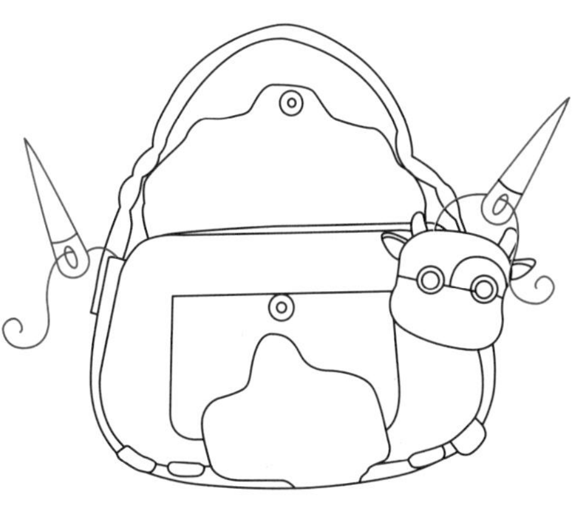

长颈鹿水壶袋

纸型B面 p.36

★ 材料

表布40 cm×44 cm
里布25 cm×38 cm
铺棉37 cm×38 cm
【各部位用布】
长颈鹿头、身、腿（浅黄色）24 cm×33 cm
口鼻部、蹄12 cm×13 cm
角（浅咖啡色不织布）4 cm×5 cm
头发、尾巴尖儿（咖啡色不织布）17 cm×17 cm
填充棉
绣线
棉绳40 cm长2根
尾巴：3 cm长的缎带
眼睛用扣子1颗
压克力颜料

★ 制作方法

1 袋身表布与里布正面相对对齐，底部放置铺棉，沿着边缘做回针缝，并留返口。修剪铺棉并剪牙口，从返口处翻回正面，缝合返口。以相同做法制作另一片。

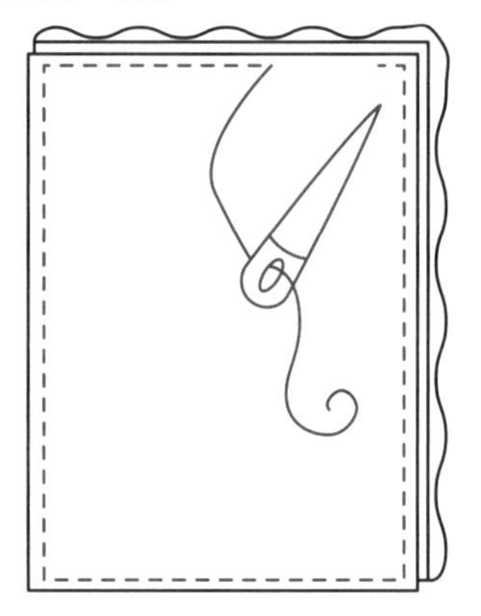

2 剪直径11 cm的圆形袋底表布，同步骤1做法将表布、里布、铺棉三层进行回针缝，并留返口。修剪铺棉并剪牙口，从返口处翻回正面，缝合返口，完成直径10 cm的圆底。

3 耳朵表布、里布正面相对对齐，底部放置铺棉，沿着耳朵轮廓进行回针缝，留返口。外加缝份0.5 cm剪下，修剪铺棉并剪牙口，从返口处翻回正面，备用。

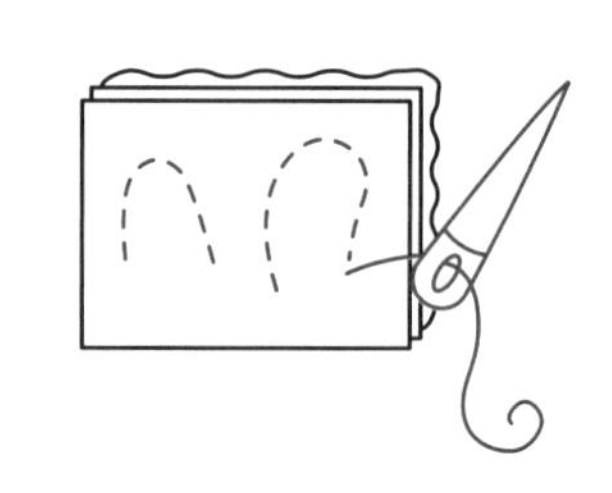

4 用不织布裁剪长颈鹿的头发、角、尾巴尖儿。

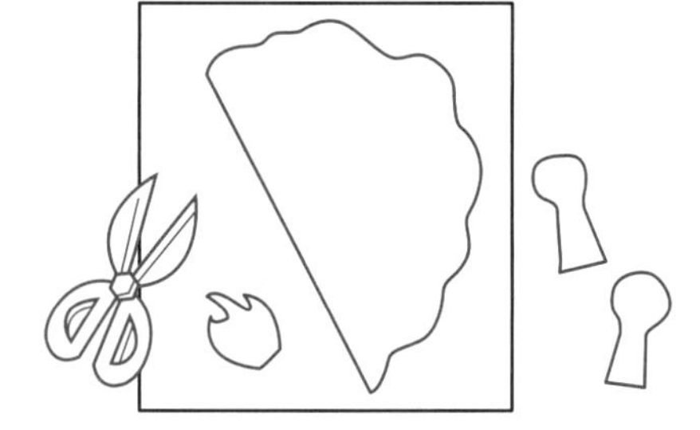

5 裁剪头、身体布片后，将耳朵、角、头发、尾巴各部位稍固定于前片正面。将头、身体以贴布缝缝于正面。

6 裁剪口鼻部布片后，以贴布缝缝于脸部前端，额前的头发的不织布以锁边绣固定于头顶位置。

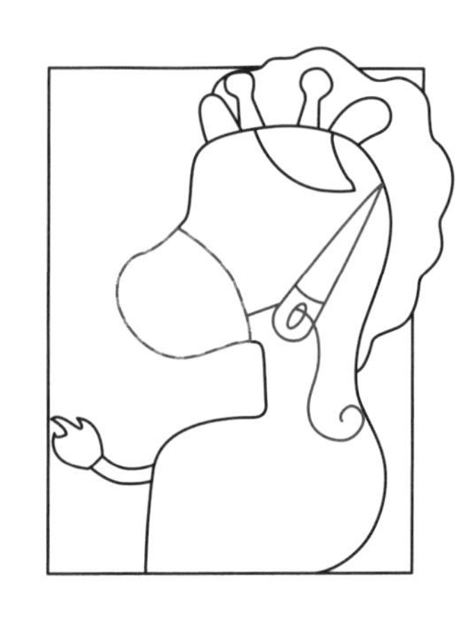

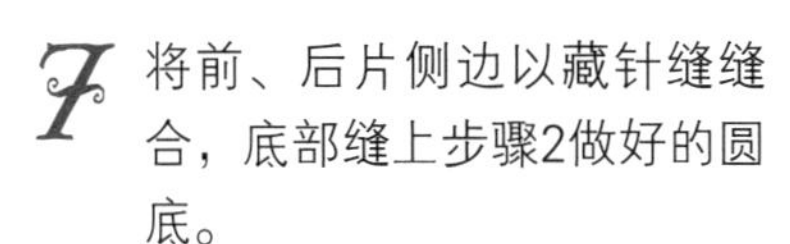

7 将前、后片侧边以藏针缝缝合，底部缝上步骤2做好的圆底。

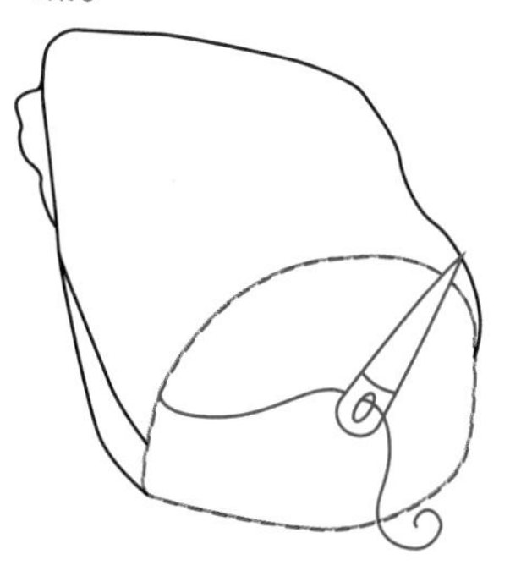

8 在腿用布上画出前、后腿的正、反面后，以贴布缝缝合蹄部位，分别外加缝份0.5 cm剪下。

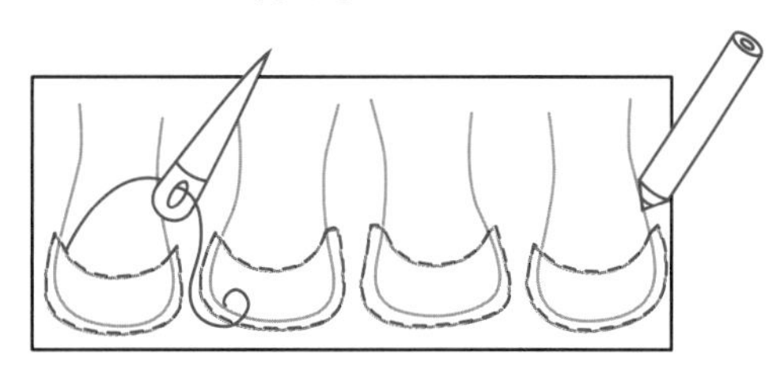

9 分别取前、后腿的正、反面布，将布正面相对对齐，沿着轮廓以回针缝缝合，并留返口。

10 剪牙口，翻回正面，均匀塞入填充棉，缝合返口，制作完成前、后腿。

11 将前、后腿以藏针缝缝于步骤7的袋底边缘处，如图。

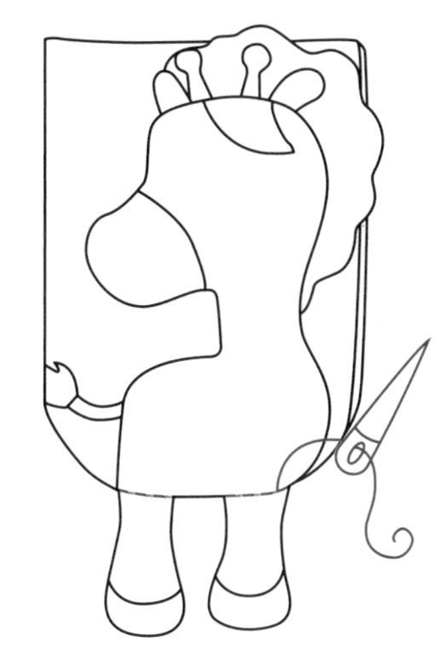

12 提绳：剪3 cm × 40 cm的长条布两片，布条短边对折，上、下侧边缘0.3 cm处以回针缝缝合。

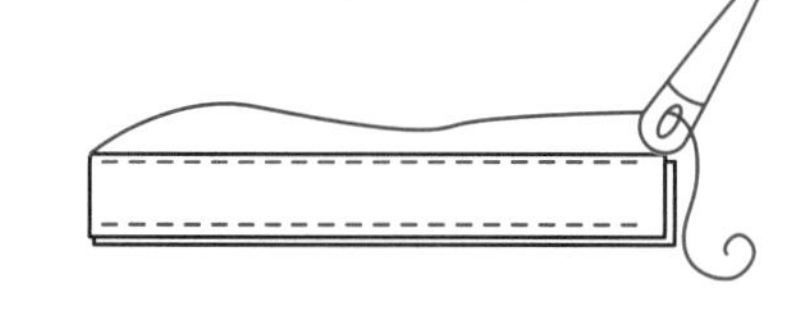

13 翻回正面，穿入棉绳，两端缝合，完成两条提绳。

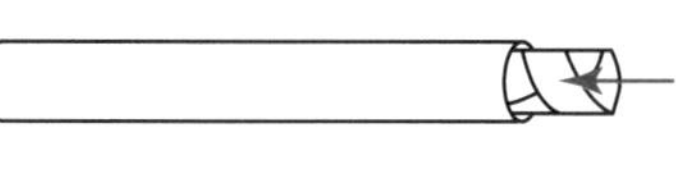

14 将提绳固定于袋口内侧。

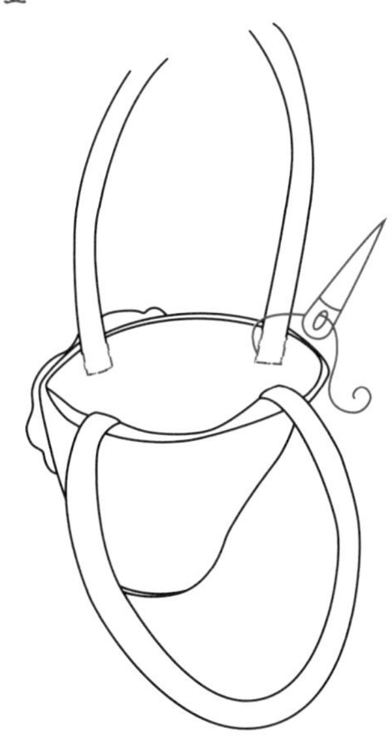

15 用压克力颜料画出长颈鹿的斑纹，缝上眼睛用扣子，绣出鼻孔、嘴巴、颈纹即完成。

斑马护照包

纸型B面 p.37

★ 材料

斑马纹表布24 cm×32 cm
口袋布、斑马口鼻部19 cm×43 cm
里布16 cm×69 cm
头发（蓝紫色不织布）8 cm×17 cm
绣线
暗扣1对

★ 制作方法

1 裁剪口袋布，折为如图的阶梯状（可依个人需求设计口袋深度），袋口上缘分别压线装饰。

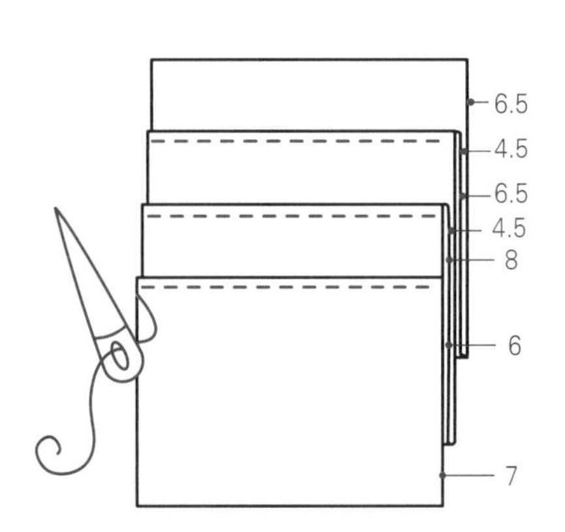

2 将步骤1的制品与同尺寸的口袋布正面相对对齐，边缘以回针缝缝合，留返口，从返口处翻回正面。

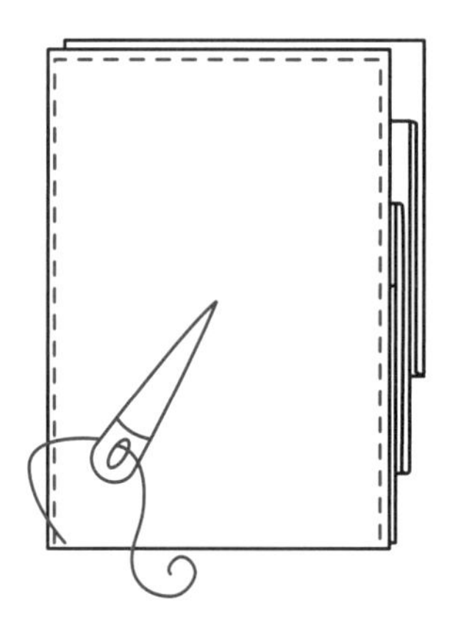

3 在表布正面右侧1/2处以贴布缝缝上斑马的口鼻部，如图。

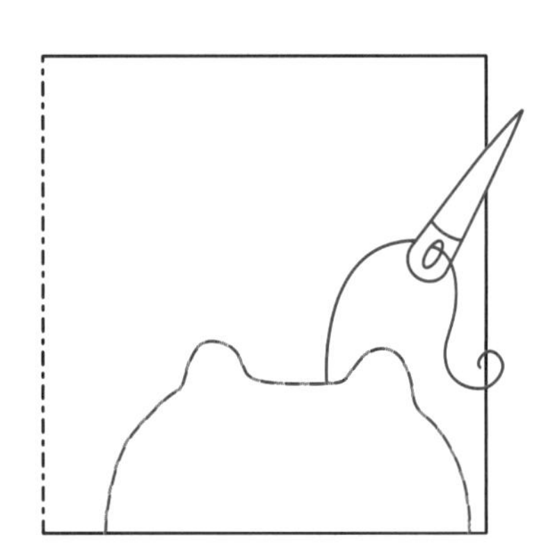

4 表布正面相对对折，反面画出两只耳朵和扣襻，沿轮廓以回针缝缝合，留返口。外加缝份0.5 cm剪下，剪牙口，从返口处翻回正面。

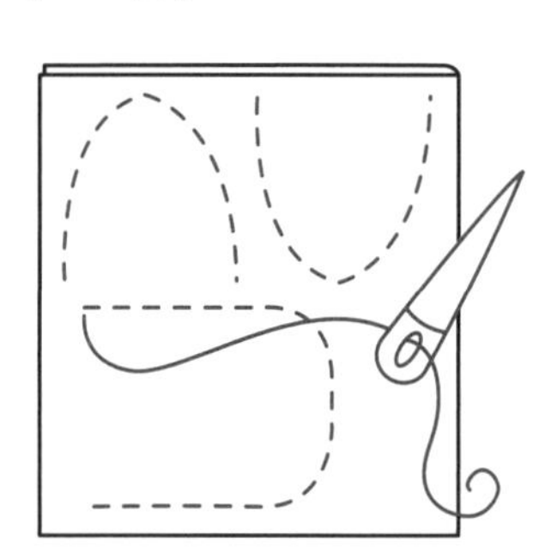

5 分别将两只耳朵、扣襻返口缝合，备用。

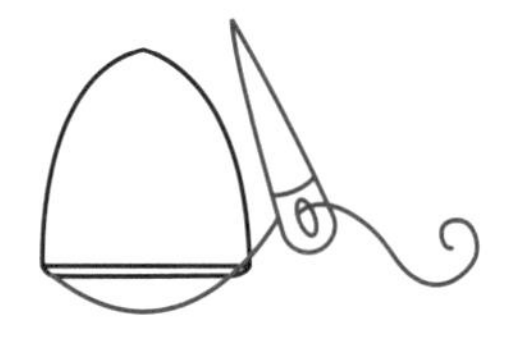

6 将里布16 cm×69 cm的两侧分别折为左侧9.5 cm、右侧12 cm的口袋（已含1 cm的缝份，如图），分别在对折处两层压线装饰（小心不要缝到最底下那层布，否则，袋口会封住）。

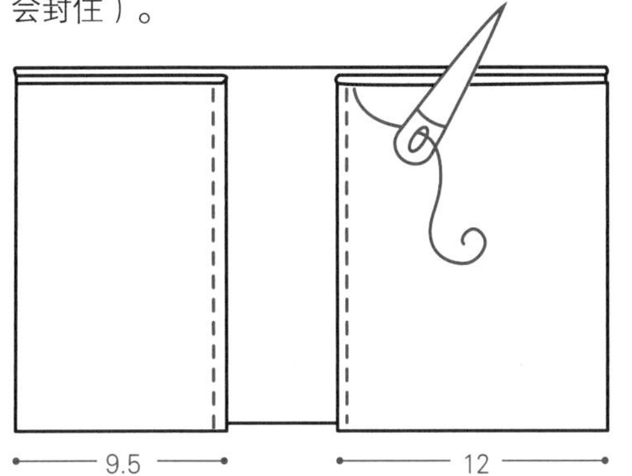

7 步骤3、6的制品正面相对对齐，并将右耳、扣襻夹于中间，边缘以回针缝缝合，并留返口。从返口处翻至正面，缝合返口。

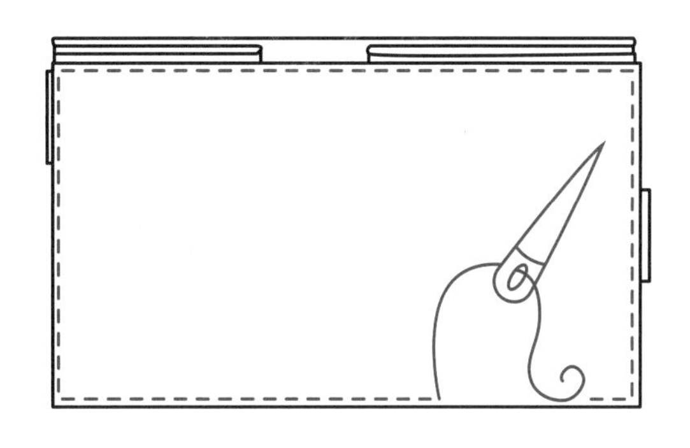

8 步骤2的制品置于里布一侧口袋上面，除袋口外三边缝合固定。

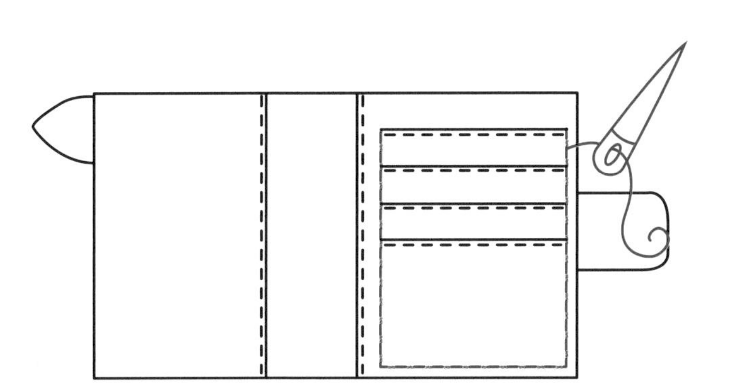

9 取不织布剪头发三片，以锁边绣固定于表布上端。

10 缝上左耳。于扣襻上缝合一面暗扣后，于相对位置绣出右眼，并于右眼内缝上另一面暗扣。绣出鼻洞、左眼，完成！

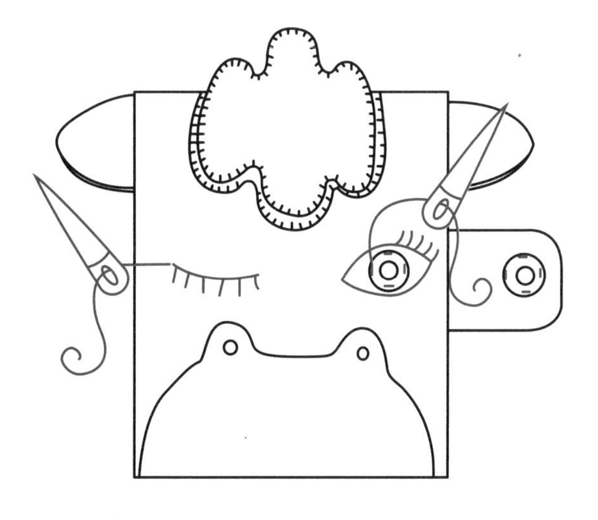

海豚眼镜包

纸型B面 p.38

★ 材料

表布22 cm×24 cm
里布24 cm×26 cm
铺棉22 cm×24 cm
【各部位用布】
海豚身体10 cm×19 cm
海豚肚皮7 cm×11 cm
绣线
尖嘴钳
10 cm长的弹片夹
提手链25 cm
龙虾扣2颗
红色、白色压克力颜料
画笔

★ 制作方法

1 裁出眼镜包表布，正面画上海豚外形，以藏针缝缝上肚皮。

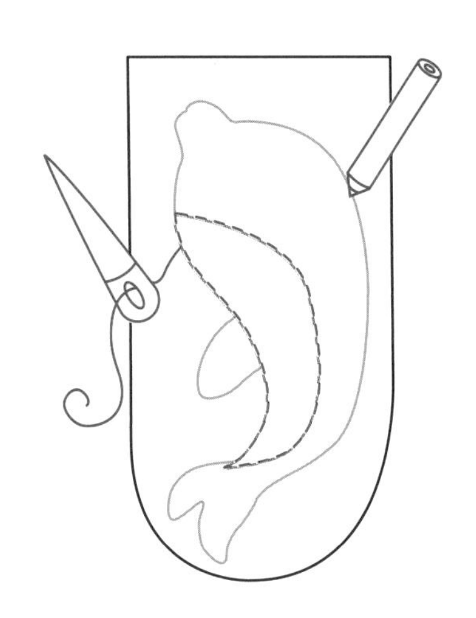

2 以相同做法以藏针缝缝上海豚身体，前片表布贴布缝完成。

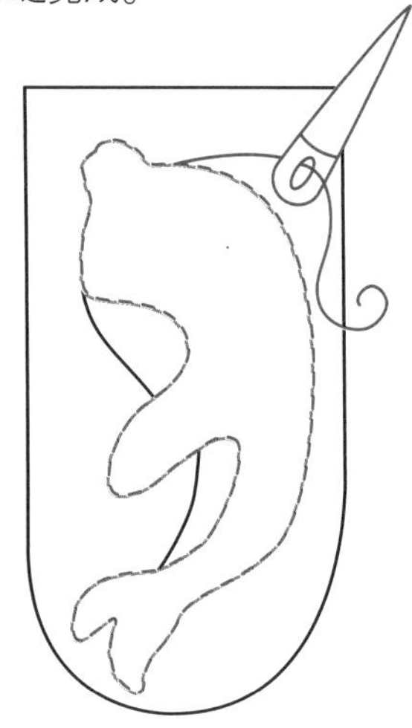

3 前片表布与里布正面相对对齐，底部放置铺棉，边缘以回针缝缝合，上方留返口。

4 修剪铺棉并剪牙口，从返口处翻回正面，绣出眼睛纹路。

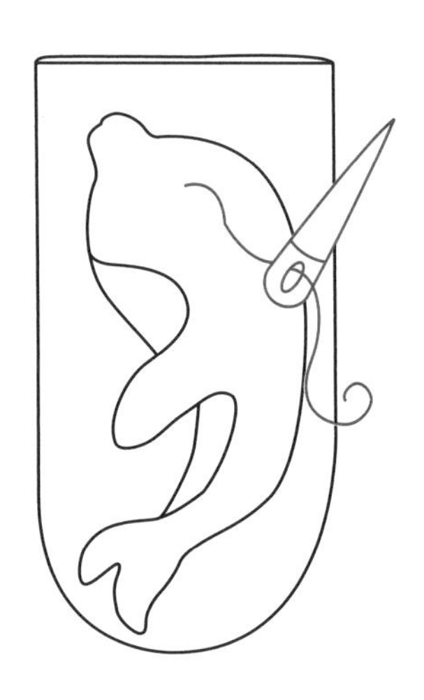

5 以相同做法制作后片，与前片背面相对对齐，边缘以藏针缝缝合。

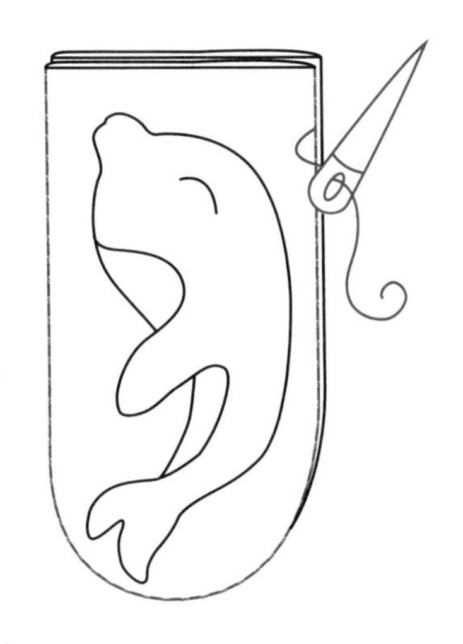

6 裁剪10 cm×4 cm的里布两片，两侧往内折0.5 cm并压线。

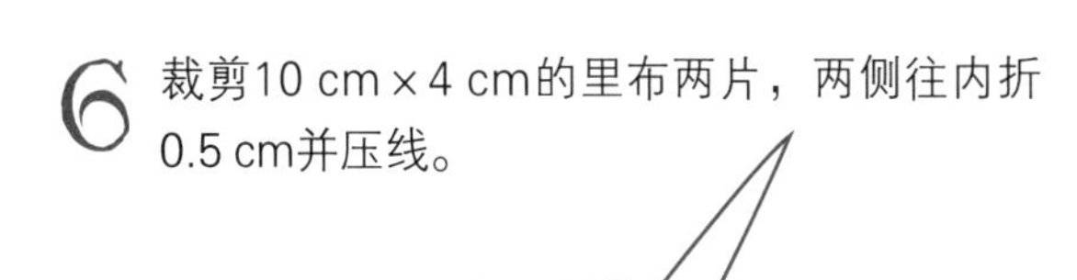

7 步骤6的布片短边对折。完成两片弹片套。

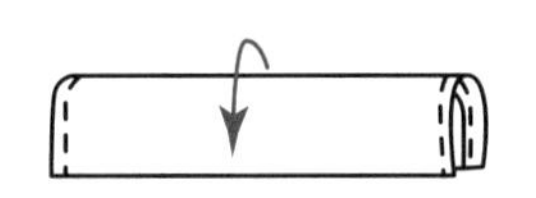

8 分别将步骤7的弹片套塞入前、后片的返口内，以藏针缝缝合。

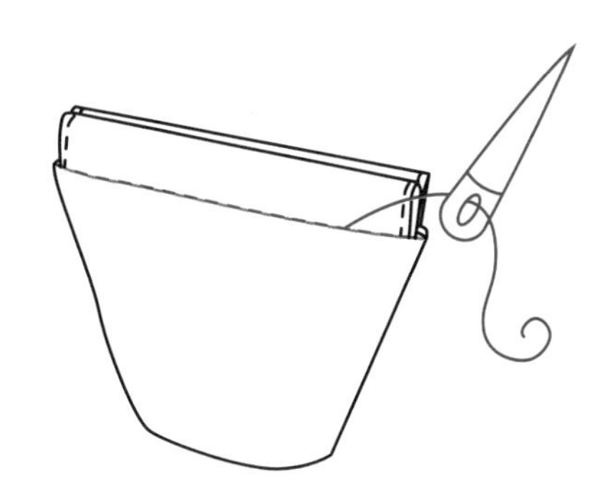

9 组合固定上方的弹片夹，以压克力颜料画上腮红，固定好提手链。完成。

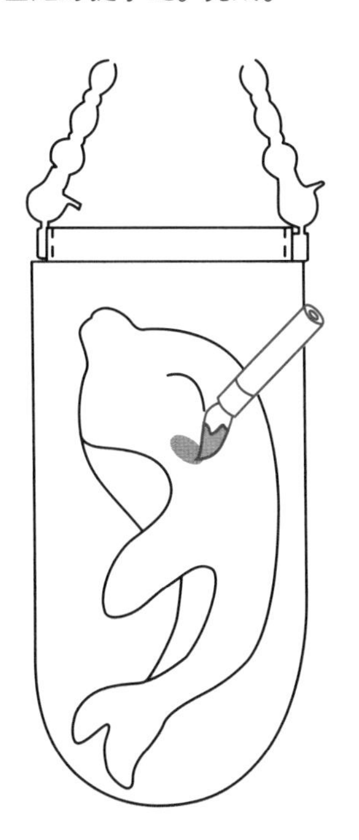

大嘴鱼束口袋

纸型B面 p.39

★ 材料

鱼尾表布17 cm×50 cm	滚边布3 cm×45 cm
鱼身表布19 cm×50 cm	绣线
鱼头表布11 cm×50 cm	穿绳器
里布50 cm×51 cm	渐变色绳80 cm2根
铺棉50 cm×51 cm	眼睛用扣子2颗
衬布50 cm×51 cm	滚边绳43 cm
袋底11 cm×16 cm	

※束口部分的做法请参考p.57。

★ 制作方法

1 分别剪出束口袋鱼尾、鱼身、鱼头部分的表布，以藏针缝缝合，完成前、后片的表布。

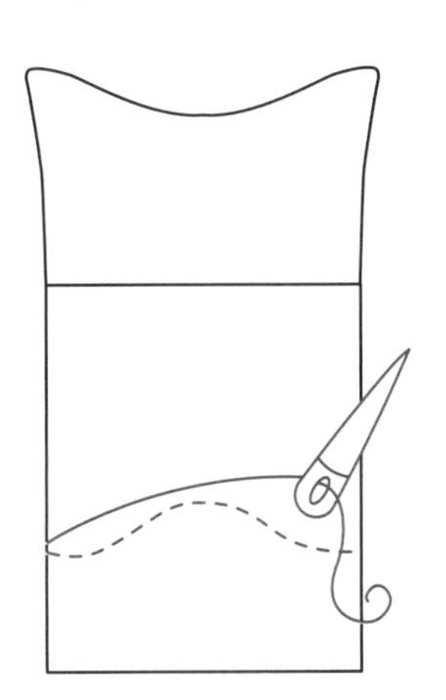

2 前、后片表布分别与铺棉、衬布对齐压线，备用。

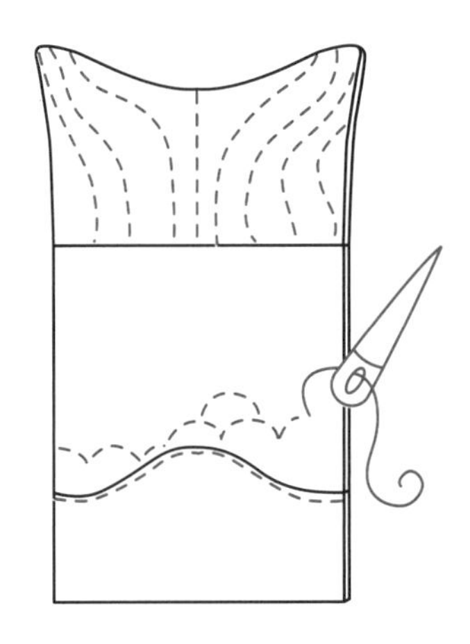

3 前、后片表布正面相对对齐，左、右侧以回针缝缝合，留1 cm的穿绳口位置不缝合。

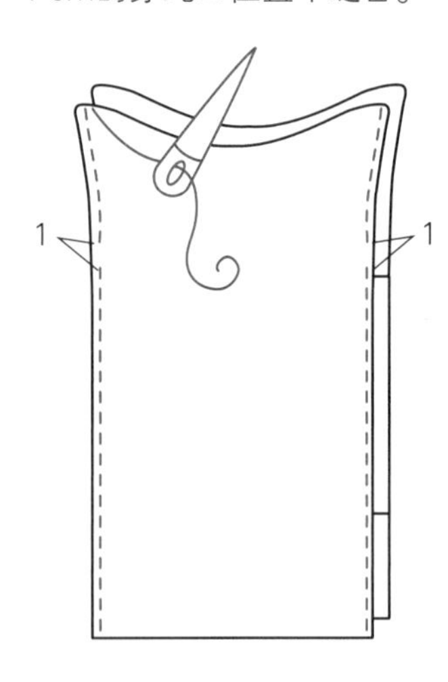

4 袋底表布与铺棉、衬布三层对齐压线装饰，备用。

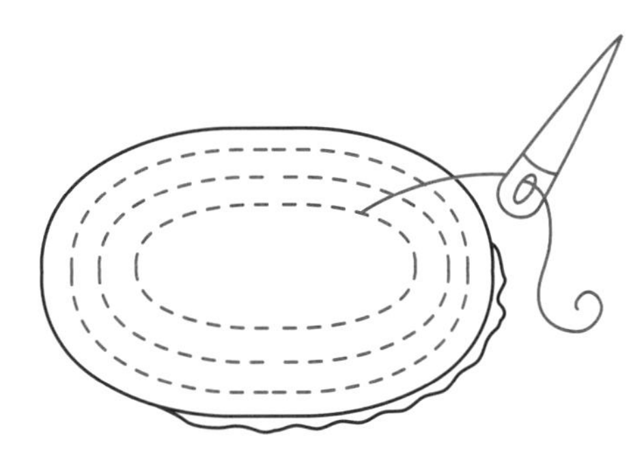

5 滚边布3 cm×45 cm包绳后，侧边疏缝。

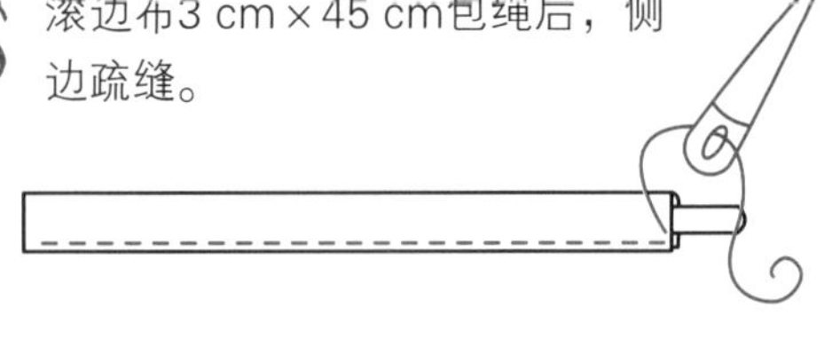

6 将滚边布的疏缝处，重叠于压线后的袋底边缘，以平针缝缝合固定。

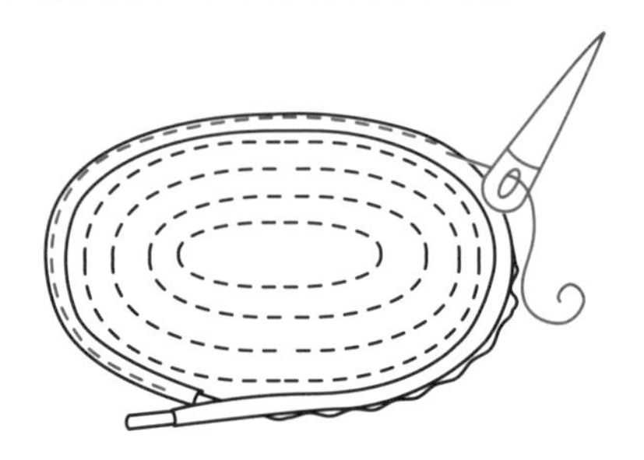

7 步骤3的制品翻至正面，与袋底对齐后，以藏针缝缝合。

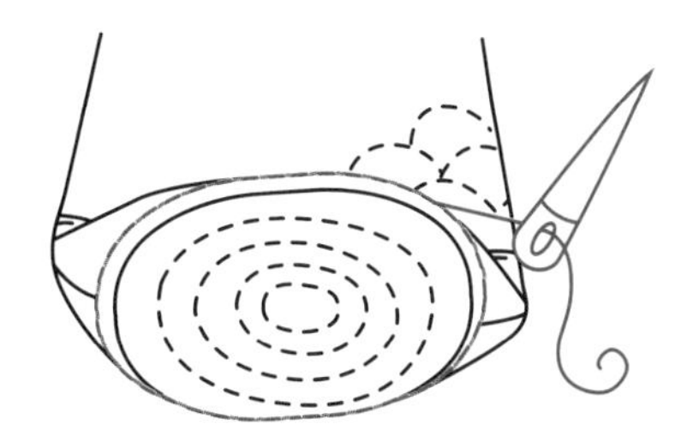

8 剪两片里布，尺寸同步骤1表布，两片里布正面相对对齐，侧边缝合，再剪一片里布袋底，与里布袋身缝合固定。

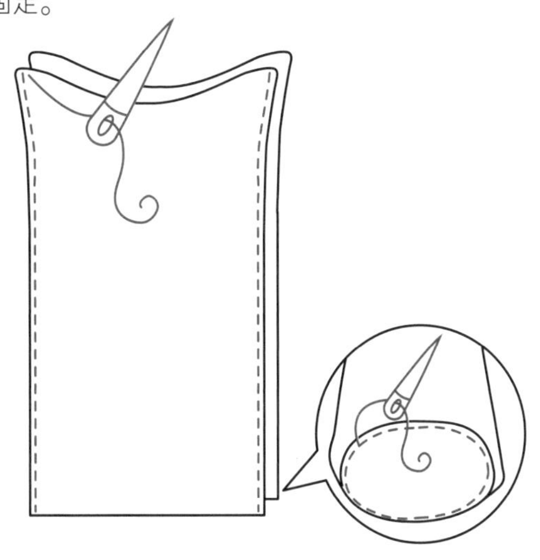

9 将里布套入表布内，袋口处缝合，在步骤3留的1 cm位置的上、下侧整圈压线，完成穿绳口。

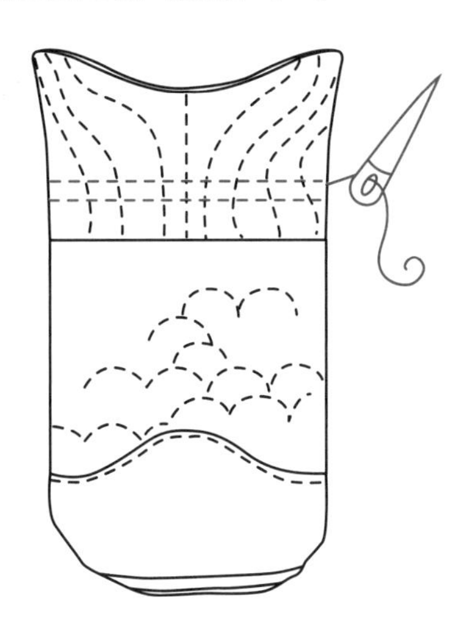

10 制作束口绳装饰小鱼：将尾巴、身体、头部缝合，完成7 cm×8 cm的小鱼用布。

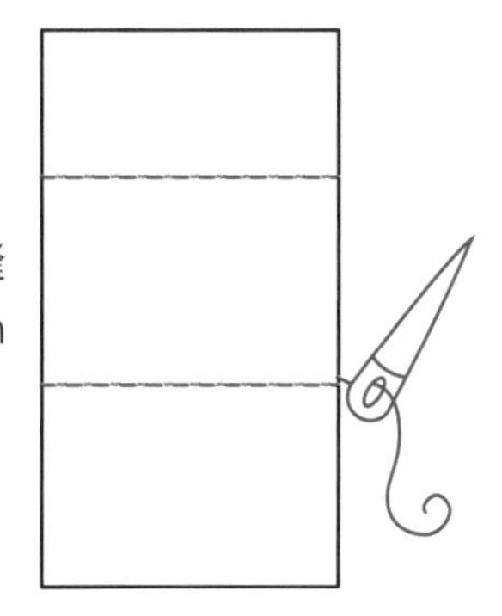

11 将小鱼用布短边正面相对对折，在反面画上小鱼外形，沿着小鱼外形缝合，嘴巴前端留返口，修剪后翻至正面。

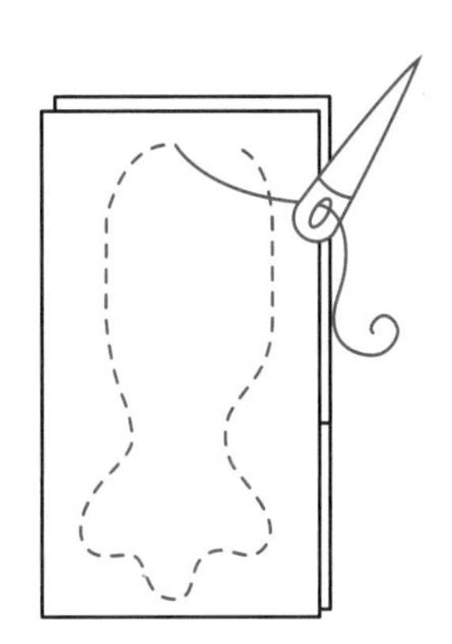

12 穿入渐变色绳，两端分别打结。将结放入装饰小鱼的返口内，缝合固定。最后缝上扣子作为眼睛，完成！

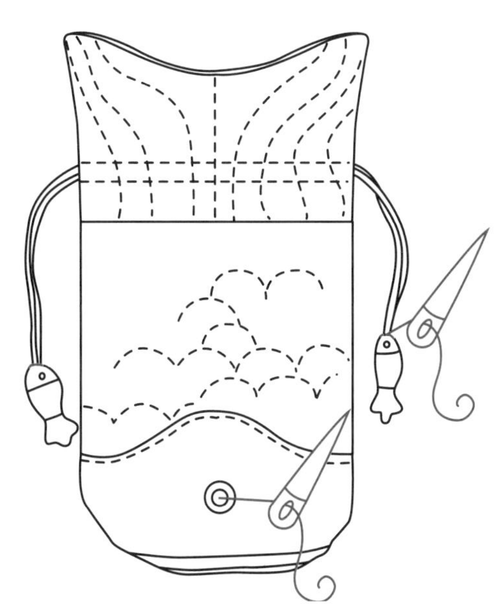

粉红猫随身化妆包

纸型B面 p.40

★ 材料

表布32 cm×33 cm	22.8 cm长的拉链1条
点点布23 cm×26 cm	30 cm长的缎带
里布27 cm×32 cm	压克力颜料
蝴蝶结、猫尾装饰布10 cm×11 cm	画笔
绣线	暗扣1对

★ 制作方法

1 猫脸布（表布）反面画上短径10 cm、长径11.5 cm的椭圆形轮廓。两片表布正面相对对齐，边缘缝合，并留返口。外加缝份0.5 cm剪下，剪牙口，从返口处翻回正面，缝合返口。完成前、后片。

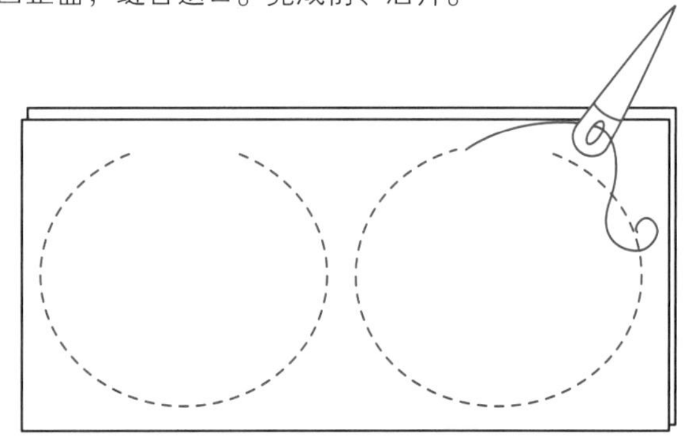

2 耳朵布反面画上轮廓，两片布正面相对对齐，以回针缝缝合，并留返口。外加缝份0.5 cm剪下，剪牙口，从返口处翻回正面，缝合返口。

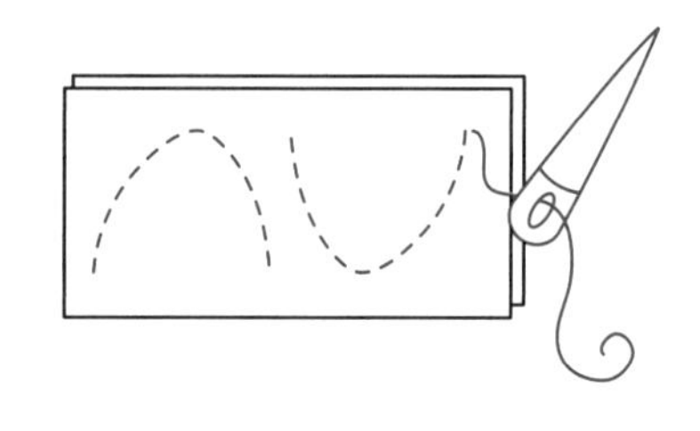

3 两只耳朵固定于前片背面两侧上端后，与后片背面相对对齐，下侧以藏针缝缝合，如图，在里布上端缝上暗扣。

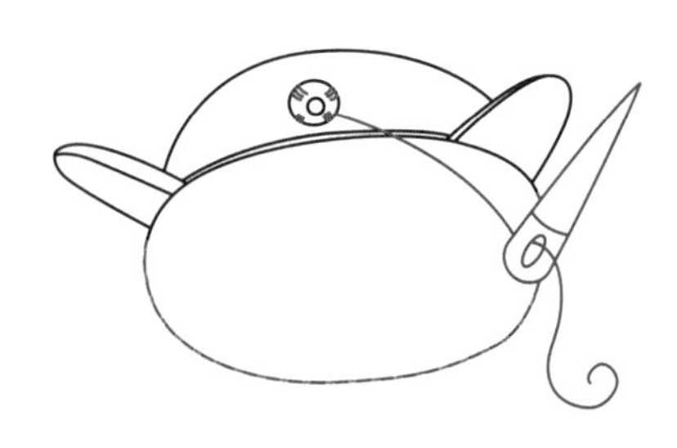

4 包身表布裁剪短径13 cm、长径18 cm的椭圆形两片，以及9 cm × 32 cm的侧身布，将侧身布两端短边中心，分别往内折夹角1 cm固定。

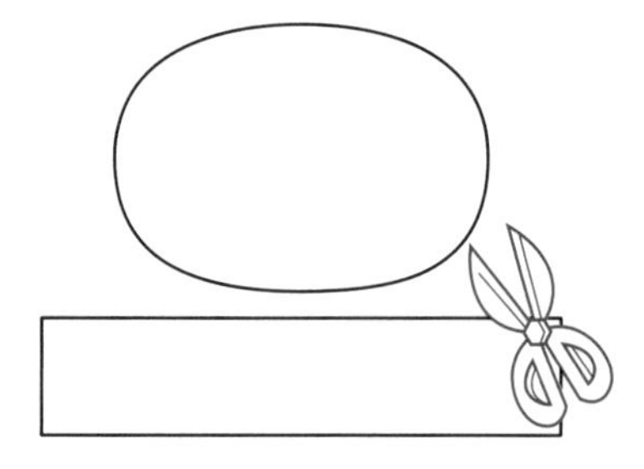

5 将步骤4的侧身布的长边对折，找出中心点，与椭圆形包身的中央处对齐，左、右两侧分别对齐后，缝合固定。另一片包身以相同做法，缝合固定于侧身布另一边。里布以同样方法制作。

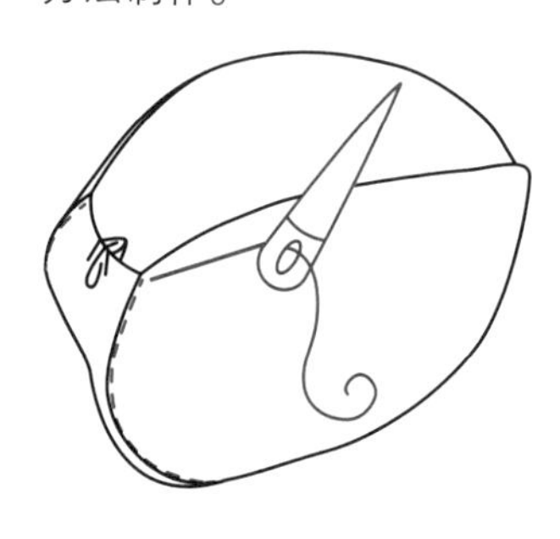

6 袋口缝上拉链。套入里布，将拉链与里布袋口缝合。

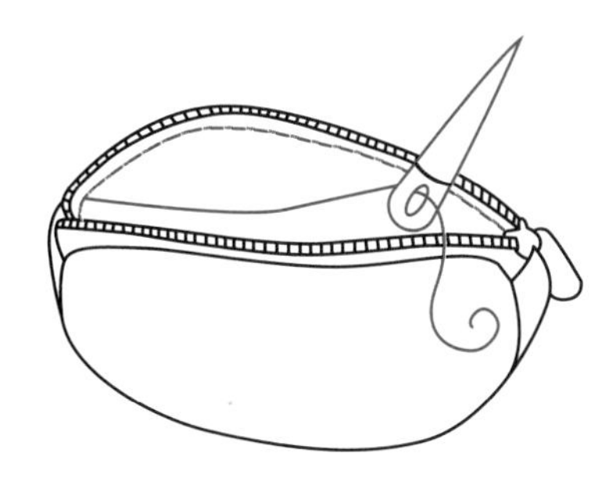

7 剪两片布（4 cm×9 cm、3 cm×3 cm），大长布条正面相对对折，如图进行回针缝，留返口。从返口处翻回正面，缝合返口。小布块上、下侧各往内折1/4。

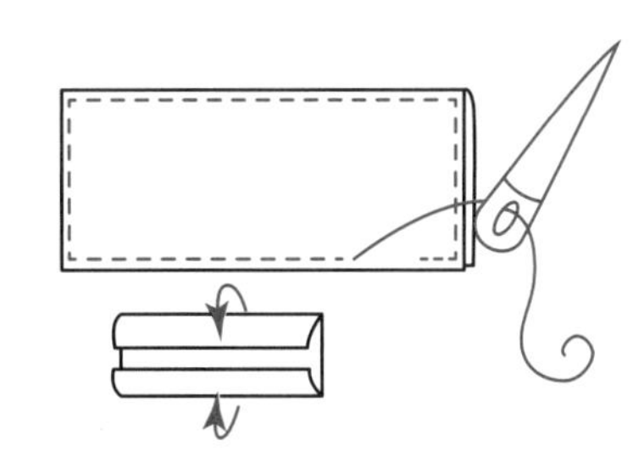

8 小布块包裹在大长布条中央，缝合固定为蝴蝶结。

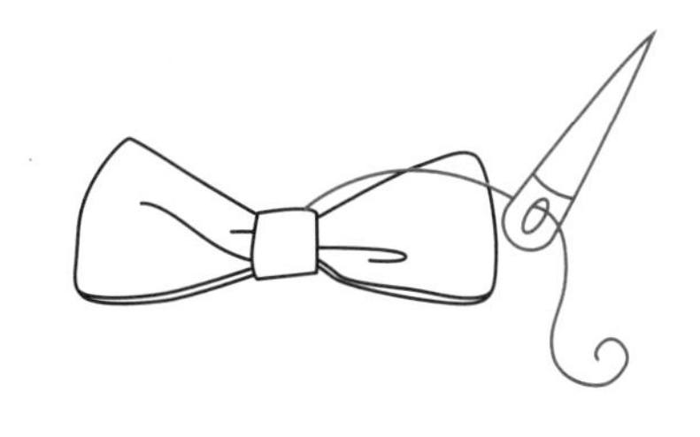

9 蝴蝶结缝合于步骤3制品的两耳朵之间，以压克力颜料画上眼睛、腮红，并绣上鼻子与嘴巴。

10 猫尾装饰：裁剪6 cm×8 cm的长布条，长边正面相对对折，侧边进行回针缝。由上往下对折。

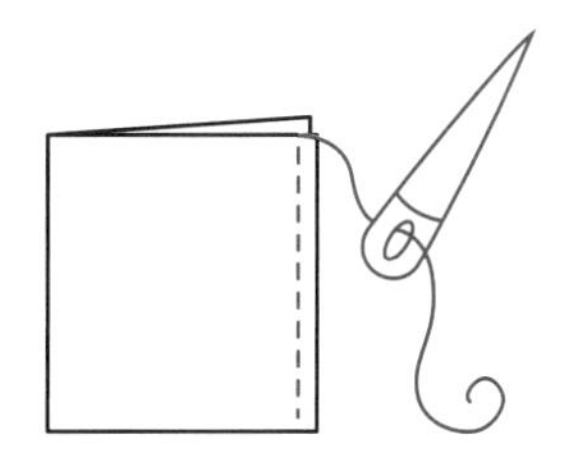

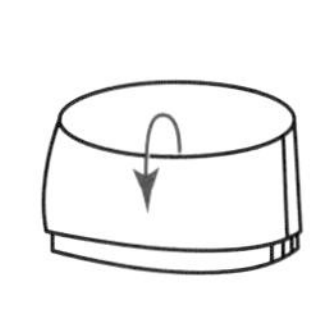

11 下端以平针缝缩口。将25 cm长的缎带穿过拉链环，尾部打结。结套入缩口处固定，布的另一端整个往下翻。

12 将猫尾装饰另一端也缩缝完成。将步骤9做好的猫头缝合于包身上端即完成。

咖啡狗首饰收纳包

纸型B面 p.42

★ 材料

表布24 cm×24 cm	绣线
里布12 cm×20 cm	暗扣1对
铺棉12 cm×24 cm	眼睛用圆珠2颗
咖啡色毛绒布10 cm×26 cm	鼻子用扣子1颗
填充棉	12.5 cm长的拉链1条

★ 制作方法

1 裁剪7 cm×12 cm、12 cm×12.5 cm的里布。里布一侧往反面折1 cm后，分别重叠于拉链两侧，以平针缝与拉链缝合。

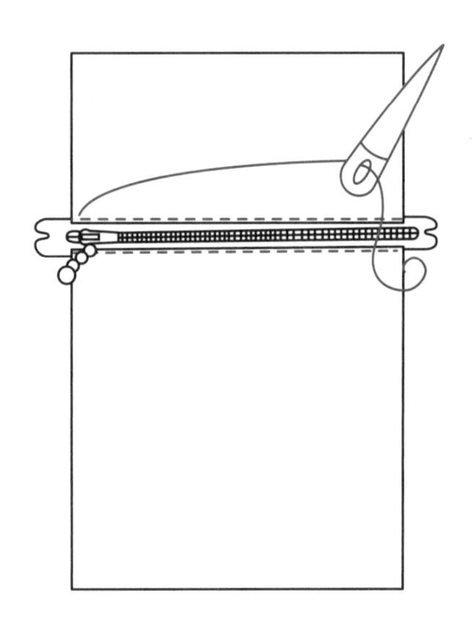

2 裁剪同步骤1完成的里布尺寸的表布两片，依表布反面、里布反面、表布正面、铺棉的顺序重叠，边缘以回针缝缝合，并留返口。从返口处翻回正面，缝合返口。

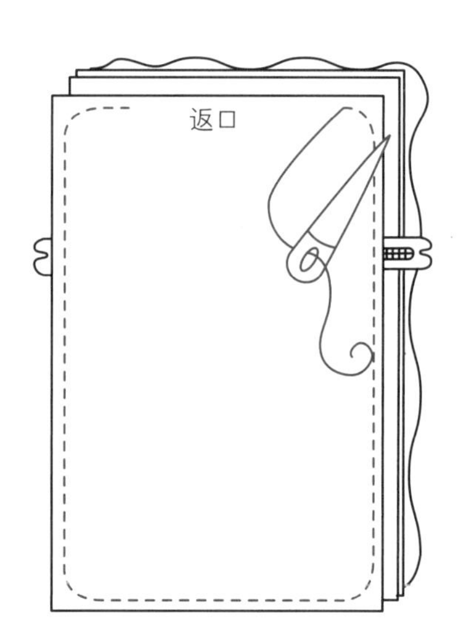

3 裁剪5 cm×12 cm的长条布，正面相对对折，缝合两边，并留返口。

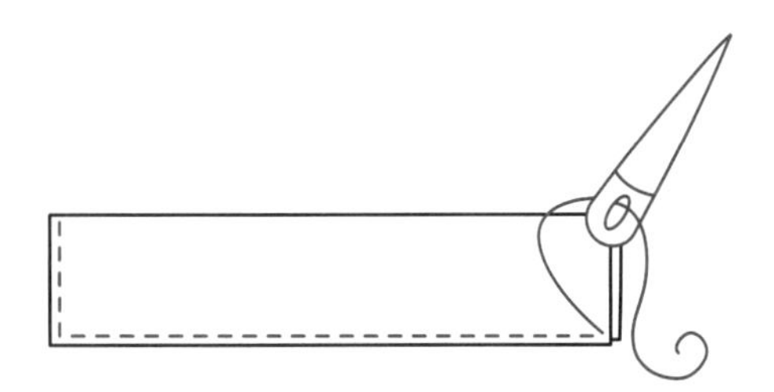

4 从返口处翻回正面，均匀塞入填充棉，缝合返口。

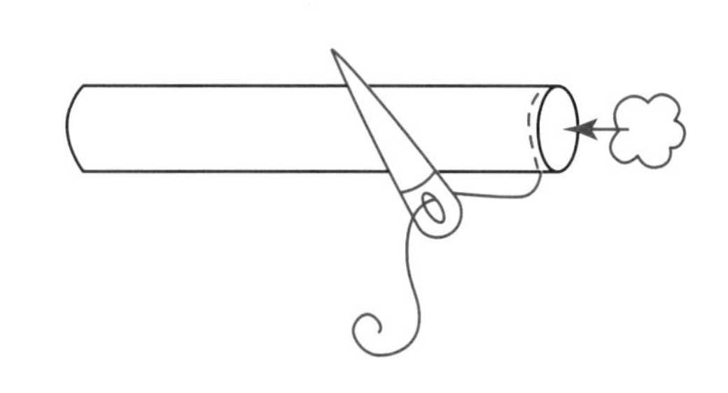

5 步骤4制品的一端固定于步骤2制品的里布上，另一端缝上暗扣，在里布的相对位置缝上另一面暗扣。

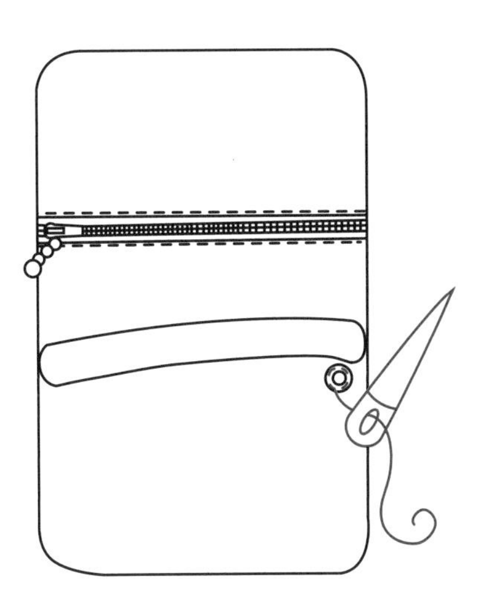

6 狗耳朵：毛绒布与表布（用作里布）正面相对对齐，沿着轮廓以回针缝缝合。外加缝份0.5 cm剪下，剪牙口，从里布面剪返口洞，翻回正面，缝合返口。以相同做法制作另一只耳朵与头顶头发。

7 分别将两只耳朵固定于步骤5制品的1/2表布正面，用毛绒布以贴布缝缝出狗腮部位。

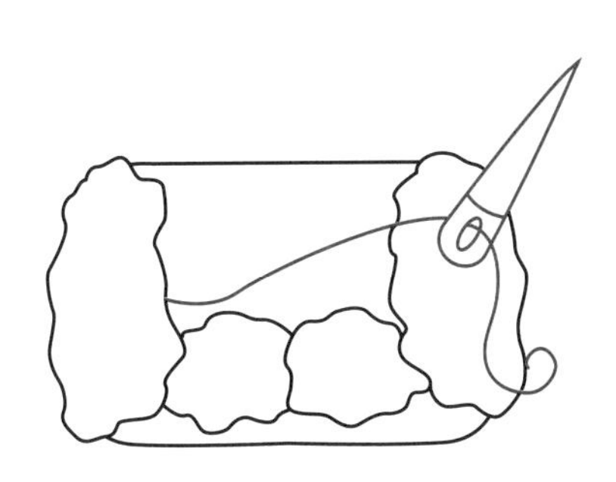

8 将头发固定于合适位置，取圆珠、扣子缝于狗脸上，作为眼睛、鼻子。完成。

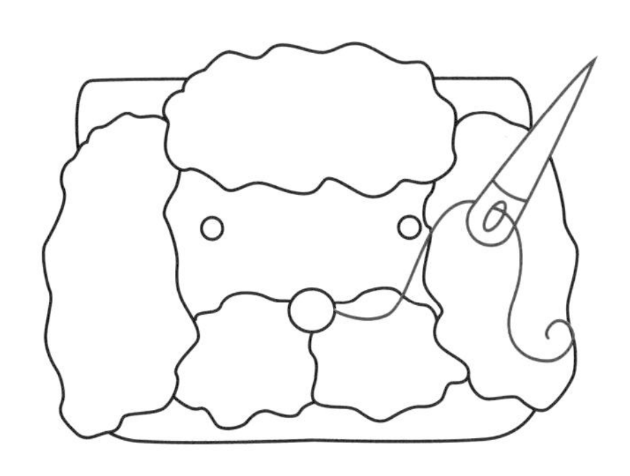

小熊与兔子悠游卡包

纸型A面 p.44

★ 材料

表布（毛绒布）18 cm×51 cm	扣子3颗
内耳（毛巾布）7 cm×8 cm	装饰扣2颗
里布18 cm×20 cm	缎带绳90 cm
填充棉	红色压克力颜料
绣线	

★ 制作方法（以兔子卡包为例）

1 后片：表布与里布正面相对对齐，距离左边3 cm位置，以回针缝缝出0.5 cm×6 cm的长方形。

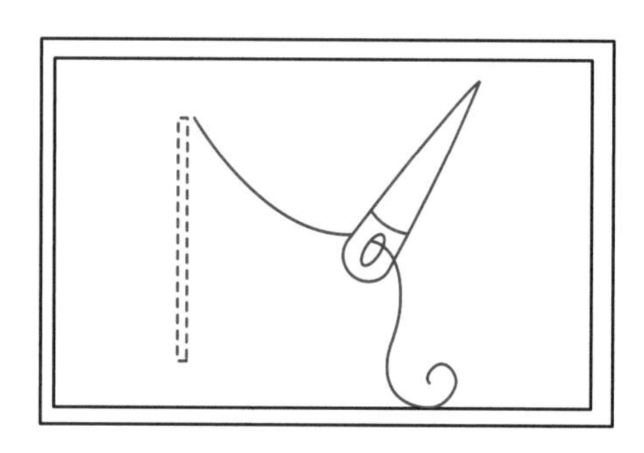

2 长方形内剪小口，形状如图，将里布由洞口翻至另一面。

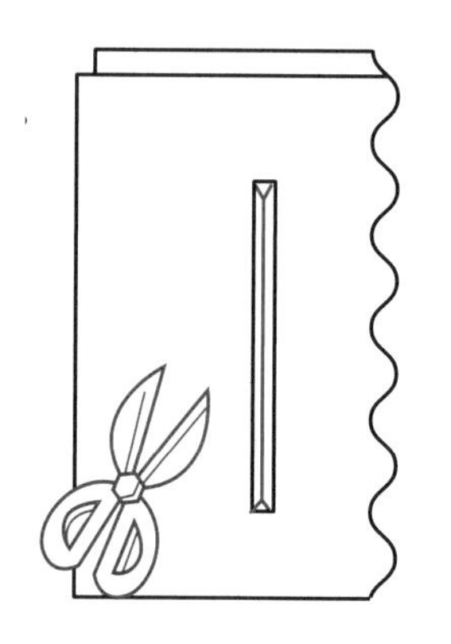

3 拉伸表布、里布使其平整后，沿着头部轮廓整圈疏缝固定。外加缝份0.5 cm剪下。

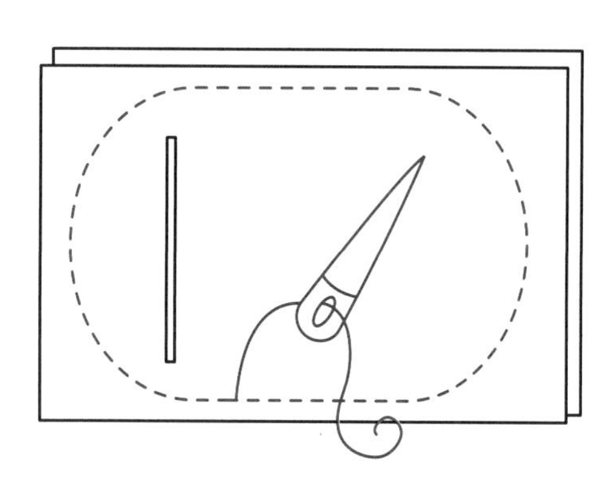

4 前片：表布与里布正面相对对齐，沿着头部轮廓以回针缝缝合，并留返口。缝份剪牙口后，从返口处翻回正面，缝合返口。

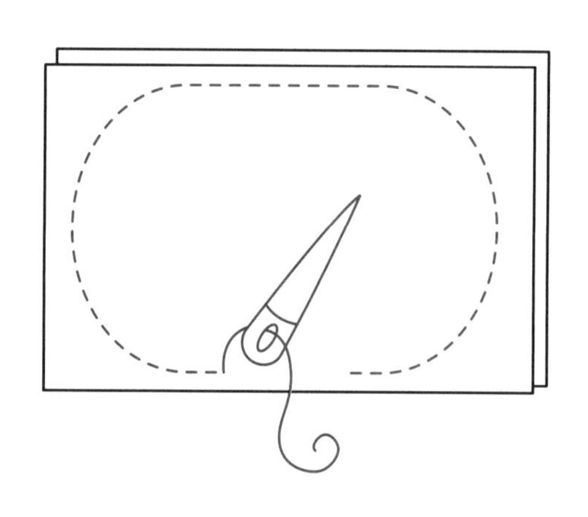

5 取表布两片，正面相对对齐，如图画出各部位的轮廓，沿着轮廓以回针缝缝合，留返口。

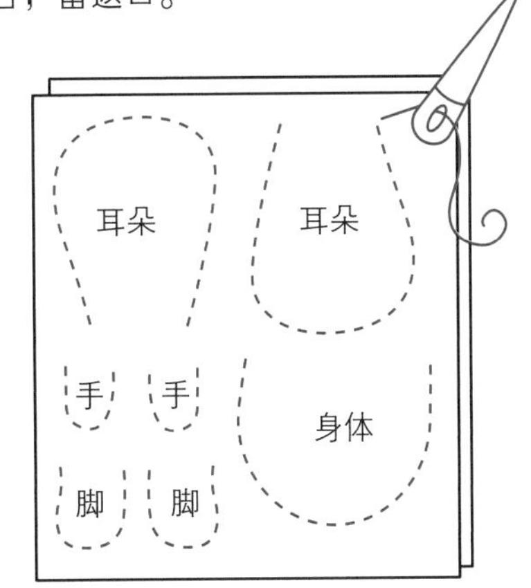

6 兔子耳朵：将步骤5做好的耳朵各外加缝份0.5 cm剪下，剪牙口并从返口处翻回正面。在耳朵上以贴布缝缝上内耳。

7 兔子身体：依步骤6的做法，翻回正面，从身体返口处塞入填充棉，直至身体丰满后，缝合返口备用。手、脚以相同做法制作，以藏针缝固定于身体两侧。

8 将耳朵、身体、缎带绳夹于兔头前、后片之间，以藏针缝缝合。

9 口鼻部：裁剪直径8 cm的圆形，边缘平针缩缝，并塞入填充棉，然后收口。口鼻部置于脸部中间，以藏针缝缝合固定。

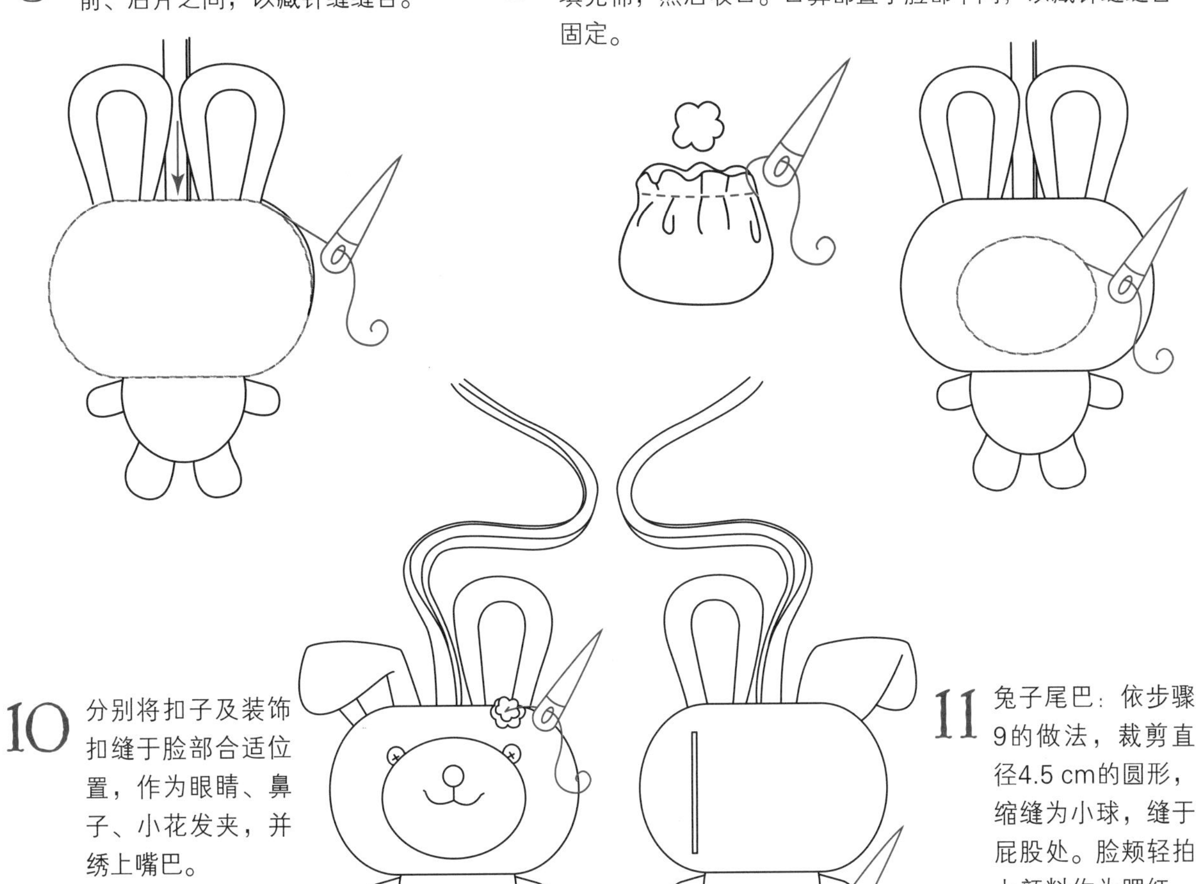

10 分别将扣子及装饰扣缝于脸部合适位置，作为眼睛、鼻子、小花发夹，并绣上嘴巴。

11 兔子尾巴：依步骤9的做法，裁剪直径4.5 cm的圆形，缩缝为小球，缝于屁股处。脸颊轻拍上颜料作为腮红。完成。

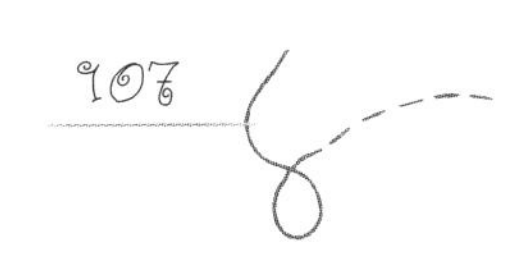

金鸡圆形提手包

p.45

★ 材料

表布26 cm×58 cm
里布46 cm×58 cm
铺棉58 cm×63 cm
【各部位用布】
翅膀表布、里布22 cm×32 cm
衣服20 cm×56 cm
鸡冠、肉垂12 cm×24 cm
鸡嘴6 cm×10 cm
尾巴各色素布9 cm×12 cm
绣线
圆形提手1个
眼睛用扣子2颗
磁扣1对

★ 制作方法

1 取各色素布制作尾巴部分：将布正面相对对折，底部放置铺棉，以回针缝缝合，留返口。

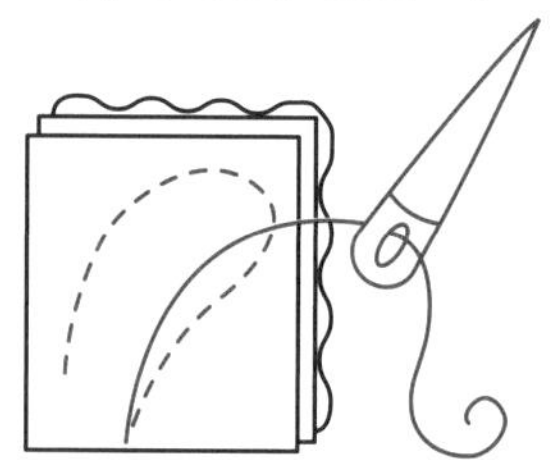

2 外加缝份0.5 cm剪下，修剪铺棉并剪牙口，从返口处翻回正面，缝合返口。表面压线，完成尺寸不同的五色羽毛。（纸型中只有4根羽毛，可依纸型制作，也可自己多加1根。）

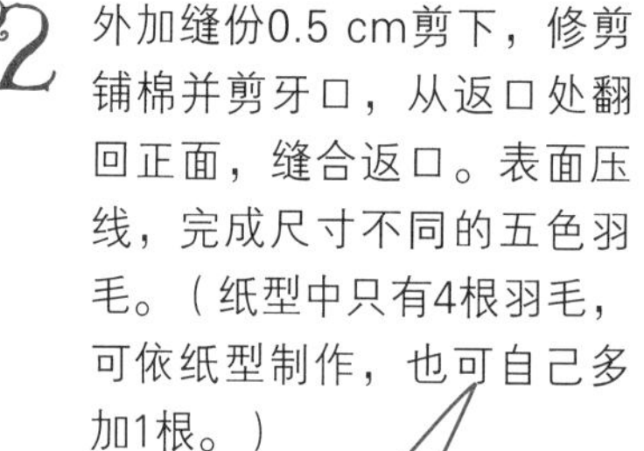

3 鸡嘴：布正面相对对折，底部放置铺棉，依嘴形以回针缝缝合，留返口。

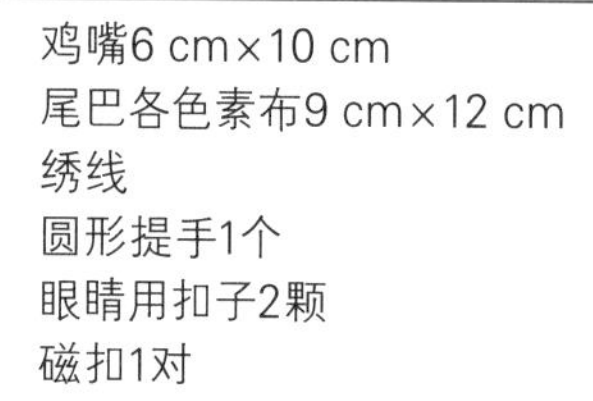

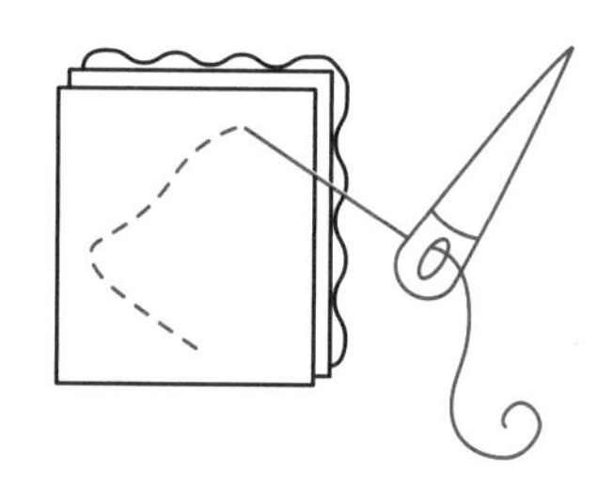

4 翅膀：表布、里布正面相对对齐，底部放置铺棉，沿着翅膀轮廓缝合，留返口。外加缝份0.5 cm剪下，修剪铺棉并剪牙口，从返口处翻回正面，返口以藏针缝缝合。完成两片。

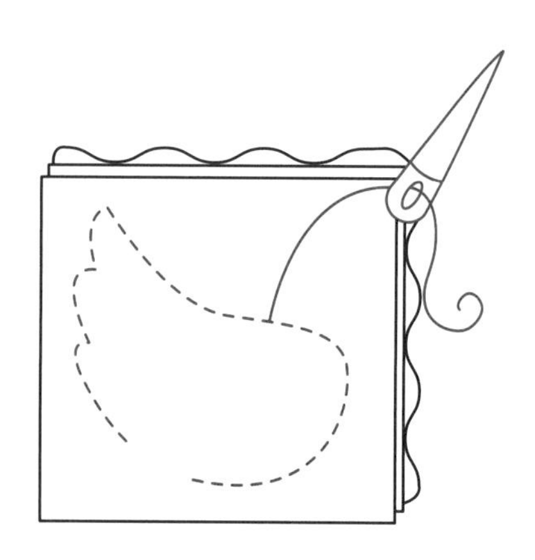

5 鸡冠、肉垂：依步骤4的做法完成。鸡嘴也以相同做法继续完成，备用。

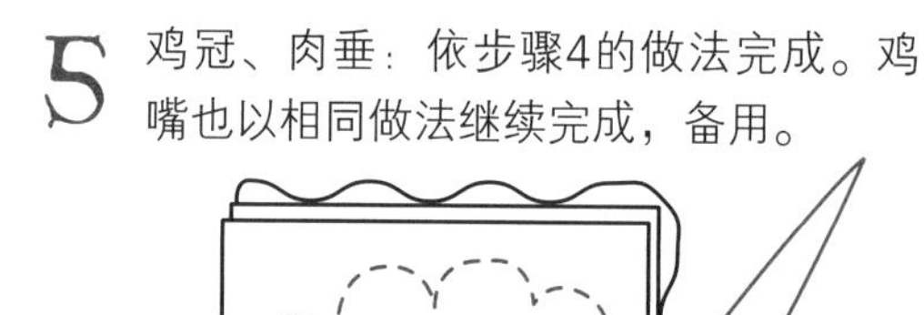

6 衣服：衣服布与里布正面相对对齐，底部放置铺棉，将轮廓画于表布反面，以回针缝缝合，并留返口。

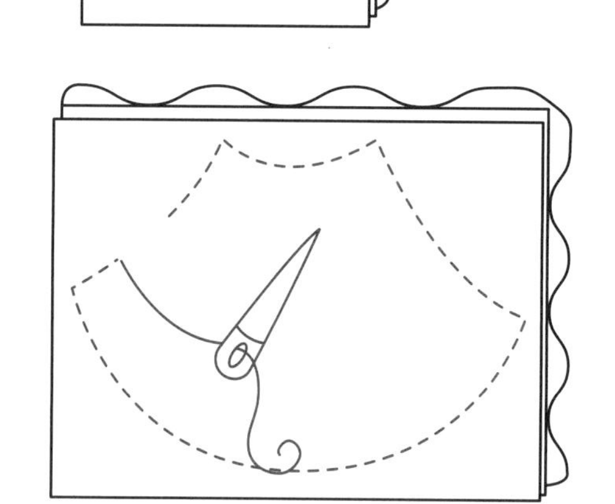

7 外加缝份0.5 cm剪下，修剪铺棉并剪牙口。从返口处翻回正面，以藏针缝缝合返口。正面压格纹，完成前、后两片。

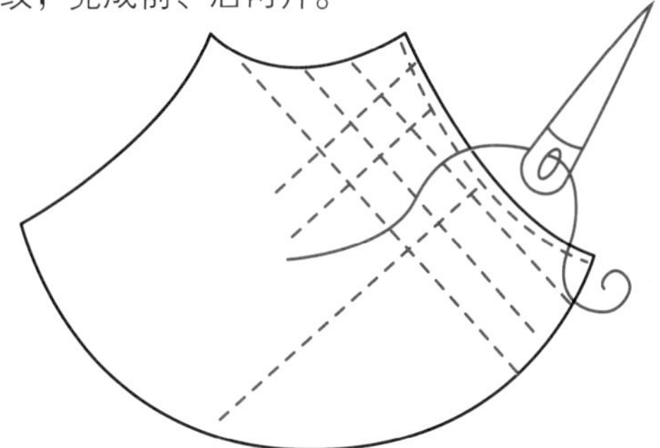

8 取步骤4的翅膀，以藏针缝缝于步骤7的衣服正面。

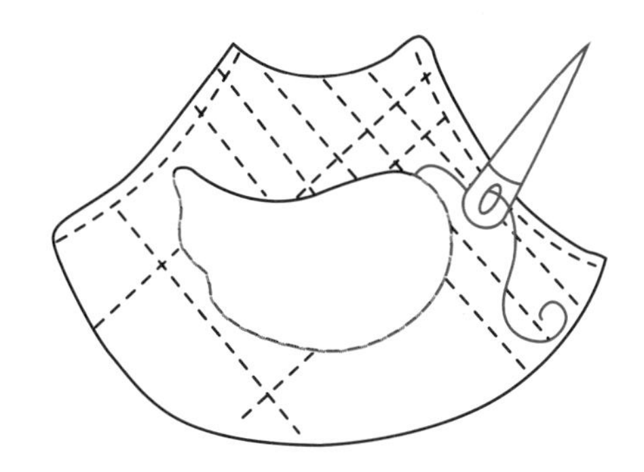

9 包身：表布与里布正面相对对齐，底部放置铺棉，表布反面画上轮廓，以回针缝缝合，留返口。外加缝份0.5 cm剪下，修剪铺棉并剪牙口，从返口处翻回正面，缝合返口，完成前、后两片。

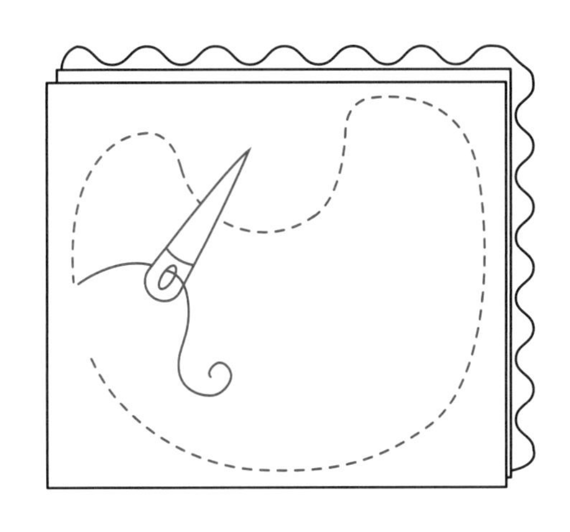

10 将尾巴、鸡冠、鸡嘴等各部位置于包身前、后两片之间。放入圆形提手，包布固定于包口内侧。

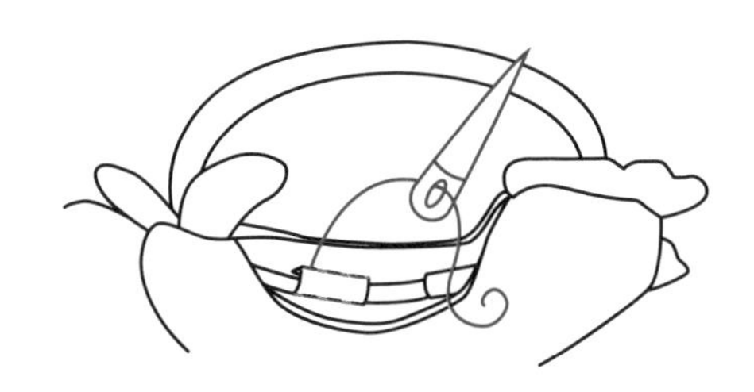

11 包身侧边以藏针缝缝合。包口上端两侧相对位置，缝上磁扣。

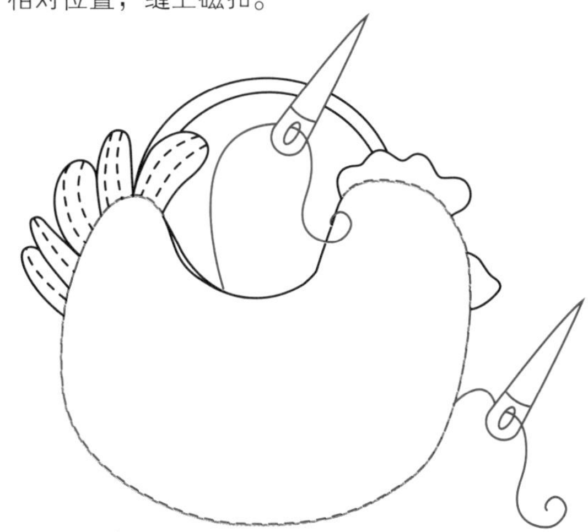

12 将步骤8的衣服，分别置于包身两侧，上、下侧缝于包身上。将剩下的各部位缝合固定或绣上即完成。

迷你猪印章包

纸型B面 p.46

★ 材料

【各部位用布】	铺棉12 cm×14 cm
头部、身体8 cm×20 cm	绣线
头巾8 cm×16 cm	25.4 cm、10.2 cm长的拉链各1条
鼻子4 cm×10 cm	直径6 cm的包扣片2个
衣服12 cm×14 cm	眼睛用圆珠2颗
头发3 cm×5 cm	磁扣1对
里布15 cm×23 cm	直径6 cm的圆塑胶片2片

★ 制作方法

1 裁剪直径8 cm的圆形头部用布，如图进行贴布缝，压发丝线，缝上眼睛用圆珠，绣出鼻孔以及嘴巴。

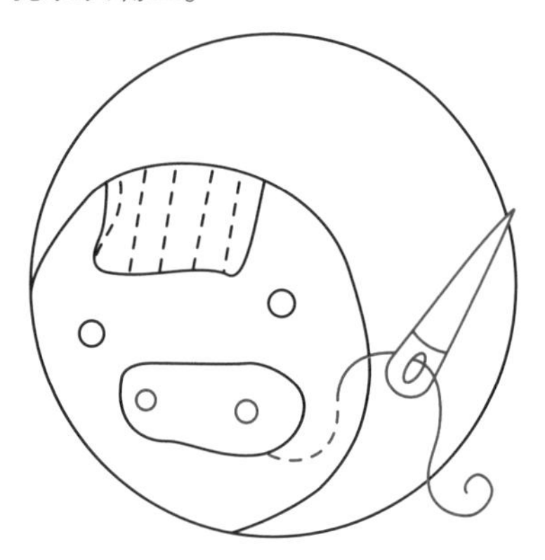

2 将直径6 cm的包扣片置于步骤1制品反面，布边以平针缝缩缝固定。以相同做法制作后片。

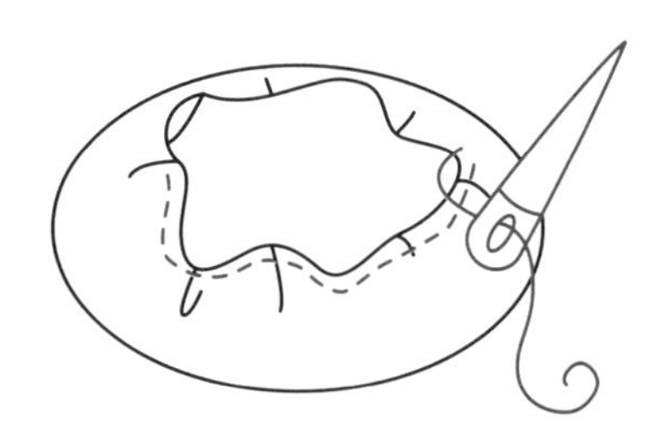

3 拉链两端缝合呈环状，将步骤2的制品置于拉链上、下侧，缝合边缘。

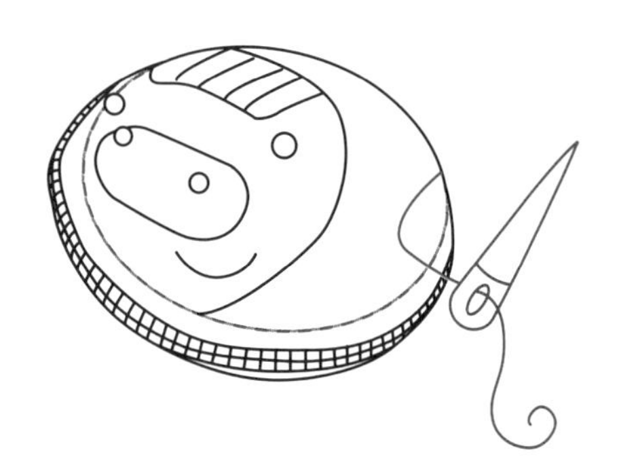

4 取直径8 cm的圆形里布，包裹直径6 cm的圆塑胶片，完成两个，分别盖于步骤3制品的包扣片的洞口上，缝合边缘。

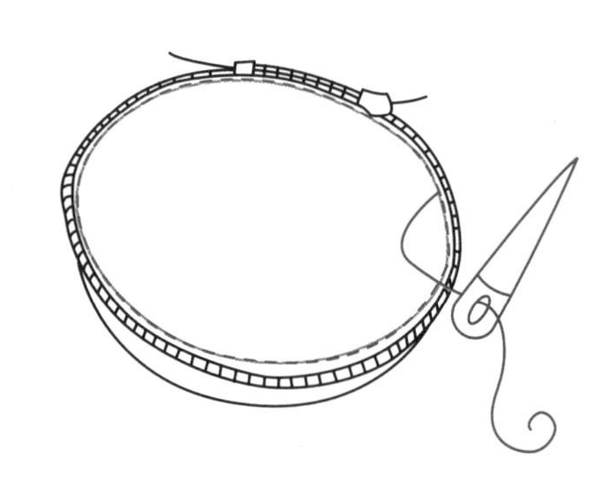

5 身体用布上画出前、后片，以贴布缝缝上衣服。

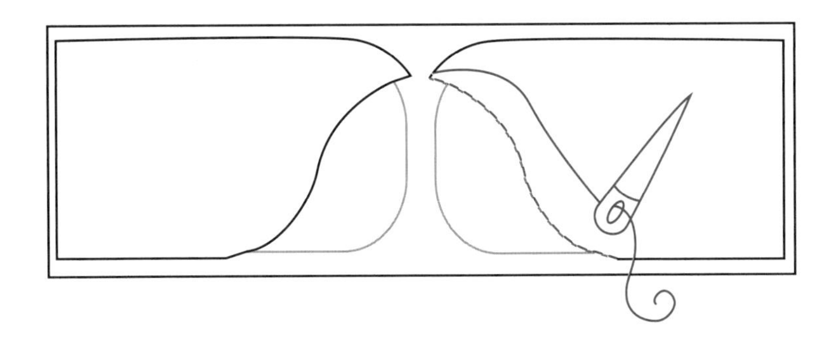

6 外加缝份0.5 cm剪下，与相同尺寸的里布正面相对对齐，底部放置铺棉，沿着轮廓以回针缝缝合，留返口。

7 修剪铺棉并剪牙口，从返口处翻回正面，缝合返口，压出线做腿部、尾巴。绣出脚部。完成前、后片。

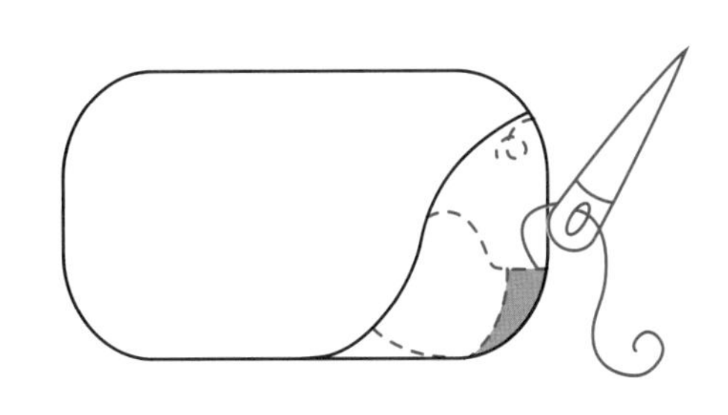

8 缝合前、后片，上侧缝上拉链，左上端缝上一面磁扣。

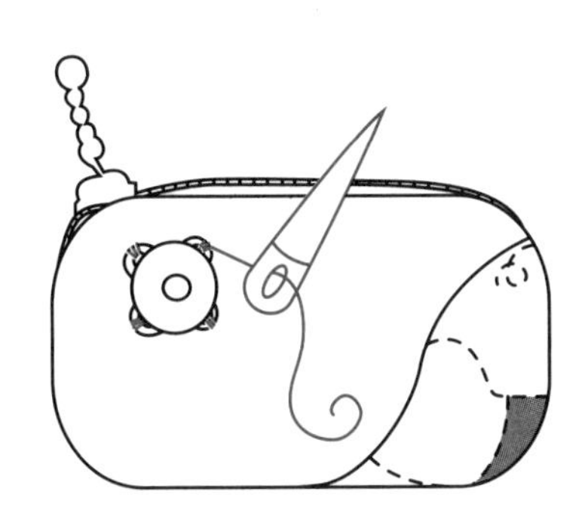

9 于头部与身体相对的位置上，缝上另一面磁扣即完成。

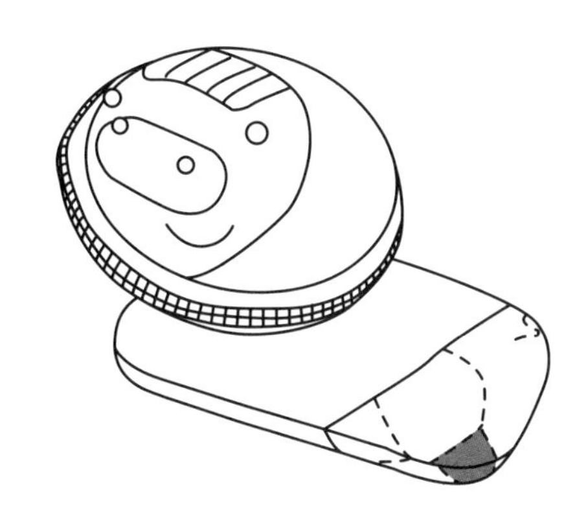

本著作通过四川一览文化传播广告有限公司代理，由台湾雅书堂文化事业有限公司授权河南科学技术出版社在中国大陆独家出版发行本书中文简体字版本。

备案号：豫著许可备字-2016-A-0308

图书在版编目（CIP）数据

趣味动物造型布作小物/胡瑞娟著. —郑州：河南科学技术出版社，2017.5
ISBN 978-7-5349-4399-7

Ⅰ.①趣… Ⅱ.①胡… Ⅲ.①布料—手工艺品—制作 Ⅳ.①TS973.5

中国版本图书馆CIP数据核字（2017）第064097号

出版发行：河南科学技术出版社
地址：郑州市经五路66号　　邮编：450002
电话：（0371）65737028　　65788613
网址：www.hnstp.cn
策划编辑：刘　欣
责任编辑：梁　娟
责任校对：金兰苹
封面设计：张　伟
责任印制：张艳芳
印　　刷：北京盛通印刷股份有限公司
经　　销：全国新华书店
幅面尺寸：210 mm×260 mm　　印张：10　　字数：120千字
版　　次：2017年5月第1版　　2017年5月第1次印刷
定　　价：49.00元